TURING 图灵原创

Lua
设计与实现

■ codedump ◎著

人民邮电出版社

北 京

图书在版编目（CIP）数据

Lua设计与实现 / 李创著. -- 北京 : 人民邮电出版社, 2017.8（2023.4重印）

（图灵原创）

ISBN 978-7-115-46537-5

Ⅰ. ①L… Ⅱ. ①李… Ⅲ. ①游戏程序－程序设计 Ⅳ. ①TP317.6

中国版本图书馆CIP数据核字(2017)第185067号

内 容 提 要

本书基于 Lua 5.1.4 版本讨论了 Lua 语言的设计原理，全书共分三部分：第一部分讲解数据结构（如通用数据是如何表示的）、字符串以及表类型的实现原理；第二部分是本书最重要的部分，主要讨论了虚拟机的实现；第三部分讨论了垃圾回收、模块实现、热更新、协程等的实现原理。

本书适合对 Lua 内部实现感兴趣以及对编程语言实现原理感兴趣的人阅读。

♦ 著　　　　codedump

　　责任编辑　王军花

　　责任印制　彭志环

♦ 人民邮电出版社出版发行　　北京市丰台区成寿寺路11号

　　邮编　100164　　电子邮件　315@ptpress.com.cn

　　网址　http://www.ptpress.com.cn

　　北京七彩京通数码快印有限公司印刷

♦ 开本：800×1000　1/16

　　印张：12.25　　　　　　　　2017年8月第1版

　　字数：290千字　　　　　　2023年4月北京第17次印刷

定价：49.00元

读者服务热线：(010)84084456-6009　　印装质量热线：(010)81055316

反盗版热线：(010)81055315

广告经营许可证：京东市监广登字 20170147 号

前　　言

接触 Lua 是在很早之前，但是那时仅限于基本的学习，没有在项目中使用，也没有意识到这门语言真正的魅力。

时间来到 2011 年，那时我在从事网页游戏的开发工作。游戏开发有其独有的特点——上线周期短，经常一两周就要有一个版本上线，而这个过程中需要实现的功能并不见得少。简单地说，就是时间紧、任务重。

假如采用 C++ 这样的编译型语言来开发游戏，那么典型的开发流程大致是这样的：撸起袖子来写了一大段代码，然后编译、解决调试编译的错误，中间可能还要处理类似崩溃、段错误、内存泄露等问题。另外，由于重新编译了代码，又需要重启服务器，而重启过程中势必涉及数据的加载。总而言之，采用纯编译型语言开发的情况下，相当一部分时间并没有用在真正的业务逻辑开发中。

当时项目采用的是 C++ 编写的核心引擎模块，暴露核心接口给 Lua 脚本层，网络数据的收发等都在 C++ 层完成，而业务逻辑采用 Lua 实现。这个架构也是很多游戏服务器采用的经典架构。使用这个架构来开发游戏服务时，不再会把大量的精力放在语言本身的问题上，而可以集中精力来做业务逻辑。另外，借助于 Lua 的热更新能力，整个开发过程中需要重启服务的次数并不多。

可以说，这个项目经历打开了一扇新的窗口，开阔了我的视野。由于在项目开发过程中尝到了甜头，并且自己也对编程语言的实现很感兴趣，所以业余时间就开始慢慢阅读 Lua 解释器的实现原理。那时候在互联网上能找到的分析 Lua 实现的文章并不多，加上自己编译原理等相关知识的基础薄弱，大部分时候只能硬啃代码。我一边摸索，一边开始逐步整理相关的文章并将其放在网上，希望对其他有类似需求的朋友有一些帮助。

Lua 作为一门诞生已经超过 20 年的语言，在设计上是非常克制的。以本书讲解所涉及的 Lua 5.1.4 版本来说，这个版本是 Lua 发展了十几年之后稳定了很长时间的版本，其解释器加上周边的库函数等不过就是一万多行的代码量，而如果再进行精简，只需要吃透最核心的几千行代码就可以了。这样一门广泛使用的工业级别的脚本语言，只需要吃透几千行代码就能明白其核心原理，这个性价比极高的诱惑对当时的我来说无疑是巨大的。

Lua 在设计上，从一开始就把简洁、高效、可移植性、可嵌入型、可扩展性等作为自己的目标。打一个可能不是太恰当的比方，Lua 专注于做一个配角，作为胶水语言来辅助像 C、C++这样的主角来更好地完成工作。当其他语言在前面攻城拔寨时，它在后方完成自己辅助的作用。在现在大部分主流编程语言都在走大而全的路线，在号称学会某一门语言就能成为所谓的"全栈工程师"的年代，Lua 始终恪守本分地做好自己胶水语言的本职工作，不得不说是一个异类的存在。

"上善若水，水善利万物而不争"，简单、极致、强大的可扩展性，大概是我能想到的最适合用来描述 Lua 语言设计哲学的句子。

本书将对 Lua 语言的设计原理做一些分析讨论，采用的是 Lua 5.1.4 版本，在引用到该版本中的代码时，会在引用代码的同时加上代码所在的文件以及行号，方便读者对应到具体的代码中一起跟着阅读。另外，我也把自己在阅读 Lua 代码中做了一些注释的代码版本放在了 GitHub 上，地址是：https://github.com/lichuang/Lua-5.1.4-codedump。

本书适用于以下读者。

❑ 希望能够进一步了解 Lua 实现的内部原理的 Lua 语言用户。
❑ 对程序语言设计感兴趣的读者。

阅读本书，读者至少需要具备以下的基础知识。

❑ 扎实的 C 语言功底，Lua 虚拟机采用纯 C 编写。在我看过不算少的纯 C 语言完成的项目中，Lua 虚拟机的代码质量是最高的。
❑ 一定的编译原理知识，比如了解词法分析、语法分析、递归下降分析、BNF 规则等，如果不清楚这些原理，阅读 Lua 虚拟机实现时会遇到很多问题。

本书按照如下方式组织。

❑ 第一部分讲解 Lua 中的数据结构，如通用数据是如何表示的，Lua 的字符串以及表类型的实现原理。
❑ 第二部分是本书最重要的部分，主要讨论了 Lua 虚拟机的实现。另外，这里分类讲解了Lua 虚拟机中的一些重点指令。
❑ 第三部分的内容比较杂，这部分讨论垃圾回收、模块实现、热更新、协程等的实现原理。

本书的完成要特别感谢以下几个人。

感谢图灵公司的王军花编辑，在茫茫的互联网中找到我在网上开源的 Lua 分析系列文章（这也是本书写作的基础），并且鼓励我整理出版，在多次跳票的情况下给予了我很多的鼓励和帮助。没有她的发掘和鼓励，就不会有本书。

感谢云风在百忙之中抽空对本书初稿进行了审阅，给予了很多中肯的意见。有一些我听取并进行了改进，而有一些因为各种原因很遗憾没能进行完善。

感谢我太太对我工作的理解，家人的理解和支持是一切的基础。

最后，由于本人能力有限，在很多问题的讨论上可能还存在一些误区，希望读者不吝赐教。请从这里开始您的旅程……

目　　录

第 1 章　概述 ································· 1

1.1　前世今生 ····························· 1

1.2　源码组织 ····························· 5

1.3　Lua 虚拟机工作流程 ············· 6

第一部分　基础数据类型

第 2 章　Lua 中的数据类型 ········ 10

2.1　C 语言中实现通用数据结构的一般
　　　做法 ···························· 10

2.2　Lua 通用数据结构的实现 ······ 11

第 3 章　字符串 ························· 16

3.1　概述 ································· 16

3.2　字符串实现 ······················· 18

第 4 章　表 ······························· 24

4.1　数据结构 ························· 24

4.2　操作算法 ························· 26

　4.2.1　查找 ························· 26

　4.2.2　新增元素 ··················· 27

　4.2.3　迭代 ························· 33

　4.2.4　取长度操作 ················· 33

第二部分　虚拟机

第 5 章　Lua 虚拟机 ··················· 36

5.1　Lua 执行过程概述 ··············· 36

5.2　数据结构与栈 ··················· 43

5.3　指令的解析 ····················· 46

5.4　指令格式 ························· 47

5.5　指令的执行 ····················· 53

5.6　调试工具 ························· 55

　5.6.1　GDB 调试 ··················· 55

　5.6.2　使用 ChunkSpy ············· 57

第 6 章　指令的解析与执行 ········ 61

6.1　Lua 词法 ························· 61

6.2　赋值类指令 ····················· 64

　6.2.1　局部变量 ··················· 64

　6.2.2　全局变量 ··················· 70

6.3　表相关的操作指令 ············· 72

　6.3.1　创建表 ····················· 72

　6.3.2　查询表 ····················· 78

　6.3.3　元表的实现原理 ··········· 79

6.4　函数相关的操作指令 ··········· 84

　6.4.1　相关数据结构 ··············· 85

　6.4.2　函数的定义 ················· 90

　6.4.3　函数的调用与返回值的处理 ··· 94

　6.4.4　调用成员函数 ··············· 99

　6.4.5　UpValue 与闭包 ··········· 100

6.5　数值计算类指令 ··············· 105

6.6　关系逻辑类指令 ··············· 107

　6.6.1　相关指令 ··················· 108

　6.6.2　理论基础 ··················· 108

　6.6.3　相关数据结构及函数 ······ 111

　6.6.4　关系类指令 ··············· 114

　6.6.5　逻辑类指令 ··············· 117

6.7　循环类指令 ····················· 121

　6.7.1　理论基础 ··················· 122

　6.7.2　for 循环指令 ············· 122

　6.7.3　其他循环 ··················· 129

第三部分 独立功能的实现

第7章 GC算法 ·················132
7.1 原理 ·····················132
7.2 数据结构 ·················135
7.3 具体流程 ·················138
　　7.3.1 新创建对象 ·········138
　　7.3.2 初始化阶段 ·········140
　　7.3.3 扫描标记阶段 ·······142
　　7.3.4 回收阶段 ···········147
　　7.3.5 结束阶段 ···········148
7.4 进度控制 ·················150

第8章 环境与模块 ···········152
8.1 环境相关的变量 ···········152
8.2 模块 ·····················157
　　8.2.1 模块的加载 ·········157
　　8.2.2 模块的编写 ·········159
　　8.2.3 模块的热更新原理 ···161

第9章 调试器工作原理 ·······163
9.1 钩子功能 ·················163
9.2 得到当前程序信息 ·········164
9.3 打印变量 ·················165
9.4 查看文件内容 ·············166
9.5 断点的添加 ···············166
9.6 查看当前堆栈信息 ·········167
9.7 step 和 next 指令的实现 ···167

第10章 异常处理 ············169
10.1 原理 ····················169
10.2 Lua 实现 ················170

第11章 协程 ················175
11.1 概念 ····················175
11.2 相关的 API ··············177
11.3 实现 ····················180
11.4 对称协程和非对称协程 ····184

附录 A 参考资料 ············187

第 1 章
概述

在这一章中，我们首先对Lua语言的历史进行简单回顾，了解其发展经历及设计哲学。接下来，会对Lua的源码组织、函数命名等做一些介绍。Lua是C语言项目的典范，在这方面也做得很规范、整齐，这给我们阅读源码带来了便利。最后，简单介绍一下Lua虚拟机整体的工作流程。

1.1　前世今生

Lua语言于1993年诞生于里约热内卢天主教大学（Pontifical Catholic University of Rio de Janeiro，简称PUC-Rio）的Tecgraf实验室，作者是Roberto Ierusalimschy、Luiz Henrique de Figueiredo和Waldemar Celes。Tecgraf实验室创立于1987年，主要专注于图形图像相关的工具研发。创立之后，该实验室的工作就是向客户提供基本的图形相关的软件工具，比如图形库、图形终端等。

从1977年到1992年，巴西政府实施了"市场保护"政策，这使得计算机软硬件存在巨大的贸易壁垒。在这种大环境下，Tecgraf实验室的很多客户由于政治和经济上的原因，都不能向国外公司购买定制化的软件。这些原因都驱使Tecgraf实验室的工作人员从头开始构建面向本国用户的软件工具。

Petrobras（巴西石油公司）是Tecgraf的最大客户之一，Tecgraf为其开发了两门语言，分别是DEL和SOL，这两门语言是Lua语言的前身。

Petrobras的工程师每天要处理的一个问题是，输入大量的数据文件到数值模拟器上，每个文件有行和列，有点类似今天的Excel文件。这个过程琐碎且繁杂，因为模拟程序会对数据进行严格的检查，人工输入数据时常会导致错误。Petrobras向Tecgraf实验室提出需求，要求他们开发用于输入这种类型数据的图形终端给工程师们使用，这些终端的输入是可交互的，可以由使用者定义规则，然后自动化地生成模拟器能识别的正确数据。除了按照规则生成数据之外，这个终端还需要提供数据校验等功能。

为了简化这个终端的开发, Figueiredo和另一位工程师Luiz Cristovao Gomes Coelho决定为这个终端开发一种称为DEL（Data Entry Language）的语言, 它更像现在的DSL（domain-specific language, 领域特定的语言）。

DEL在Petrobras获得了广泛的使用, Petrobras对它提出了更高的要求, 要求能够提供控制处理等特性, 这更像一门程序语言了。

几乎在DEL被创建的同一时间, 由Ierusalimschy和Celes领导的另一个团队开始在PGM上面工作, 这是一个可配置的用于生成岩石属性文件的生成器, 这个产品的客户同样也是Petrobras公司。

PGM生成的报告包含多个列, 其中的数据是高度可配置的：用户可以选择颜色、字体、标签等, 同时这些配置信息还可以保存下来重用。于是这个开发团队决定为PGM开发一门语言, 称为SOL（Simple Object Language, 简单对象语言）。

因为PGM会处理很多不同的对象, 每个对象都可能有许多的属性, 所以开发团队决定为这门语言加上类型声明的特性, 比如:

```
type @track{ x:number, y:number=23, id=0 }
type @line{ t:@track=@track{x=8}, z:number* }
T = @track{ y=9, x=10, id="1992-34" }
L = @line{ t=@track{x=T.y, y=T.x}, z=[2,3,4] }
```

这段代码定义了两种类型track和line, 创建了两个对象, 分别是track的类型对象T以及line类型的对象L。track类型有两个数值属性, 分别是x和y, 以及一个没有类型的属性id。line类型有一个track类型的属性t, 其中x的默认值是8, 以及一个number列表的类型z。

SOL团队在1993年完成了初期的开发, 但是并没有发布这个版本, 原因是此时PGM要求在这门语言中支持过程编程的一些特性, 这要求SOL需要进行扩展了。

与此同时, 前面提到的DEL语言也遇到了类似的需求。于是在1993年, Figueiredo和Celes坐在一起讨论了这两门语言面对的问题和挑战, 它需要满足以下当时考虑到的需求。

- ❑ 需要是一门真正的编程语言, 提供赋值、控制结构、子函数等编程语言的特性, 而不仅仅是一门数据描述语言。
- ❑ 与SOL一样, 对数据描述提供便利。
- ❑ 因为面向的用户很多都是没有编程经验的人, 所以这门语言需要足够地简单和易于上手。
- ❑ 因为Petrobras公司的很多设备运行在不同的平台上, 所以要求这门语言的可移植性和便携性要足够好。

当时, 满足这几个需求的语言还不存在。Tcl和Perl语言只能运行在Unix平台, 它们的语法对外行人也不够友好。

1

于是他们决定创造一门更强大的编程语言来代替它们。因为这门语言的前身之一是SOL语言，在葡萄牙语中这个单词的意思是"太阳"，他们决定给这门新的语言起名为Lua，葡萄牙语的意思是"月亮"。Lua语言就这样诞生了。

Lua语言继承了SOL语言对列表和记录的表示方式，但是从一开始就将两者统一起来。这就是到现在都能看到的，Lua的表既能作为散列表，也可以作为数组。

1996年对Lua来说是很重要的一年，Lua开始在国际上获得了关注，迎来国际用户。在这一年，作者在*Software: Practice & Experience*杂志上发表了一篇关于Lua的论文，引来了不少的关注。同年12月，Lua 2.5版本发布，*Dr. Dobb's Journal*杂志也专门针对Lua做了报告。由于这本杂志在程序员圈子里受众非常多，吸引了软件业中不少从业者注意，这其中包括当时任职于Lucas艺术旗下Grim Fandango游戏项目的主管Bret Mogilefsky。由于Lua的良好特性，他在自己的项目中使用Lua替换掉了项目原来用的脚本语言，后来又在Game Developers Conference（简称为GDC，是游戏程序员最重要的会议之一）分享了自己使用Lua的成功经验。从此，Lua在游戏圈就开始流行起来了，这其中包括了后来大获成功的WOW等。如今Lua语言已经是游戏领域使用最广泛的脚本语言之一。

Lua虽然起源于巴西，也是从巴西公司的项目中受需求驱动而开发的，但是从一开始这门语言的设计者就把眼光投向世界。在很长一段时间里，Lua的文档只有英语版本，而不是作者的母语葡萄牙语。前面提到的1996年发表的论文，同样也可以看作Lua作者们国际化视野的一个标志。

Lua语言从一开始就将自己定位成一个"嵌入式的脚本语言"，提供了如下的特性。

- **可移植性**：使用clean C编写的解释器，可以在Mac、Unix、Windows等多个平台轻松编译通过。
- **良好的嵌入性**：Lua提供了非常丰富的API，可供宿主程序与Lua脚本之间进行通信和交换数据。
- **非常小的尺寸**：Lua 5.1版本的压缩包，仅有208KB，解压缩之后也不过是835KB，一张软盘就可以装下。Lua解释器的源代码只有17 000多行的C代码，编译之后的二进制库文件仅有143KB，这些都决定了使用Lua的设备并不会因为添加了它导致非常明显的空间占用。
- **Lua的效率很高，是速度最快的脚本语言之一**：为了提高Lua的性能，作者们将最初使用Lex、Yacc等工具自动生成的代码都变成了自己手写的词法分析器和解析器。

这意味着，用户使用C、C++等语言进行主要功能的开发，而一些需要扩展、配置等会频繁动态变化的部分使用Lua语言来进行开发。Lua语言的以上几个特性，都决定了它能很好地完成这些辅助作用。Lua的作者甚至戏称这门语言是一门能穿过针孔的语言（Passing a Language through the Eye of a Needle），"小而精"大概是对Lua语言最好的描述了。

作为一门从发展中国家起源的语言，在一开始的选择和定位上，Lua都做了现在看来正确的选择：面向国际，老老实实做好辅助作用。在一个点上做精做细，而不是走大而全的路线去与类似背景的语言进行竞争，这是Lua后来取得巨大成功的原因。这也能理解为什么过去了这么多年，至今Lua解释器的代码只有非常少的代码量（以本书中分析的5.1.4版本来看，全部C代码只有17 193行。如果只算核心部分，那就更少了）。

这也是我一直很推崇Lua解释器源码，并且决定将这门语言进行分析的原因：Lua解释器的代码是殿堂级的C语言代码范本，Lua作者对语言特性、设计目标、受众的取舍值得我们学习。从一万多行的源码中，就能学习到一门工业级脚本语言的实现，性价比是极高的。

除了在游戏领域的广泛使用，Lua在其他领域也获得了运用。

- ❑ OpenResty使用Lua来扩展Nginx服务器的功能，使用者仅需要编写Lua代码就能轻松完成业务逻辑。值得一提的是，这个项目的作者是中国人章亦春。
- ❑ Redis服务提供Lua脚本。
- ❑ Adobe的Lightroom项目使用Lua来编写插件。

还有很多非游戏领域的成功项目，在此不一一列举了。

那么，如何在你的项目中使用Lua语言呢？以笔者比较熟悉的游戏服务器领域来说，一般是这样组织和分工的。

- ❑ C\C++语言实现的服务器引擎内核，其中包括最核心的功能，比如网络收发、数据库查询、游戏主逻辑循环等。以下将这一层简称为引擎层。
- ❑ 向引擎层注册一个Lua主逻辑脚本，当接收到用户数据时，将数据包放到Lua脚本中进行处理，主逻辑脚本主要是一个大的函数表，可以根据接收到的协议包的类型，调用相关的函数进行处理。以下将这一层简称为脚本层。
- ❑ 引擎层向脚本层提供很多API，能方便地调用引擎层的操作，比如脚本层处理完逻辑之后调用引擎层的接口应答数据等。

可以看到，在这个架构中，引擎层实现了游戏服务的核心功能，这部分的变动相对而言不那么频繁；而游戏的逻辑、玩法是变动很频繁的，这部分使用脚本来完成。这个组合架构的优势在于如下几点。

- ❑ **编码效率高**：由于引擎层相对稳定，而脚本不需要进行编译就能直接运行，省去了很多编译的时间。
- ❑ **开发效率高**：大部分脚本，包括Lua在内都支持热更新功能，这意味着在调试开发期间，可以不用停服务器就能调试新的脚本代码，这省去了重启服务的时间，比如加载数据库数据、静态配置文件等的耗时。

1

❑ **对人员素质要求相对低**：一般的游戏服务器团队配置，都是由主程级别的人来把控引擎的质量，其他的成员负责编写脚本玩法逻辑，即使出错，大部分时候并不会导致服务器宕机等严重问题。

1.2 源码组织

本书是基于Lua 5.1.4版本进行分析的，打开src目录下的Makefile文件，可以看到这样一段代码：

```
25 LUA_A=  liblua.a
26 CORE_O= lapi.o lcode.o ldebug.o ldo.o ldump.o lfunc.o lgc.o llex.o lmem.o \
27   lobject.o lopcodes.o lparser.o lstate.o lstring.o ltable.o ltm.o  \
28   lundump.o lvm.o lzio.o
29 LIB_O=  lauxlib.o lbaselib.o ldblib.o liolib.o lmathlib.o loslib.o ltablib.o \
30   lstrlib.o loadlib.o linit.o
31
32 LUA_T=  lua
33 LUA_O=  lua.o
34
35 LUAC_T= luac
36 LUAC_O= luac.o print.o
```

从中能看到，Lua源码大体分为三个部分：虚拟机核心、内嵌库以及解释器、编译器。

虚拟机核心的文件列表如表1-1所示。需要补充说明的是，Lua解释器中，内部模块对外提供的接口、数据结构都以"lua模块名简称_"作为前缀，而供外部调用的API则使用"lua_"前缀。

表1-1 虚拟机核心相关文件列表

文 件 名	作　　用	对外接口前缀
lapi.c	C语言接口	lua_
lcode.c	源码生成器	luaK_
ldebug.c	调试库	luaG_
ldo.c	函数调用及栈管理	luaD_
ldump.o	序列化预编译的Lua字节码	
lfunc.c	提供操作函数原型及闭包的辅助函数	luaF_
lgc.c	GC	luaC_
llex.c	词法分析	luaX_
lmem.c	内存管理	luaM_
lobject.c	对象管理	luaO_
lopcodes.c	字节码操作	luaP_
lparser.c	分析器	luaY_

（续）

文 件 名	作 用	对外接口前缀
lstate.c	全局状态机	luaE_
lstring.c	字符串操作	luaS_
ltable.c	表操作	luaH_
lundump.c	加载预编译字节码	luaU_
ltm.c	tag方法	luaT_
lzio.c	缓存流接口	luaZ_

内嵌库文件如表1-2所示。

表1-2   内嵌库相关文件列表

文 件 名	作 用
lauxlib.c	库编写时需要用到的辅助函数库
lbaselib.c	基础库
ldblib.c	调试库
liolib.c	IO库
lmathlib.c	数学库
loslib.c	OS库
ltablib.c	表操作库
lstrlib.c	字符串操作库
loadlib.c	动态扩展库加载器
linit.c	负责内嵌库的初始化

解析器、字节码编译器的相关文件如表1-3所示。

表1-3   解析器、字节码编译器相关文件列表

文 件 名	作 用
lua.c	解释器
luac.c	字节码编译器

1.3 Lua 虚拟机工作流程

关于Lua虚拟机工作流程的详细分析，第5章会专门介绍，但是这里还是先大概了解一下。

Lua代码是通过翻译成Lua虚拟机能识别的字节码运行的，以此它主要分为两大部分。

❑ **翻译代码以及编译为字节码的部分**。这部分代码负责将Lua代码进行词法分析、语法分析等，最终生成字节码。涉及这部分的代码文件包括llex.c（用于进行词法分析）和lparser.c（用于进行语法分析），而最终生成的代码则使用了lcode.c文件中的功能。在lopcodes.h、lopcodes.c文件中，则定义了Lua虚拟机相关的字节码指令的格式以及相关的API。

❑ **Lua虚拟机相关的部分**。在第一步中，经过分析阶段之后，生成了对应的字节码，第二步就是将这些字节码装载到虚拟机中执行。Lua虚拟机相关的代码在lvm.c中，虚拟机执行的主函数是luaV_execute，不难想象这个函数是一个大的循环，依次从字节码中取出指令并执行。Lua虚拟机对外看到的数据结构是lua_State，这个结构体将一直贯穿整个分析以及执行阶段。除了虚拟机的执行之外，Lua的核心部分还包括了进行函数调用和返回处理的相关代码，主要处理函数调用前后环境的准备和还原，这部分代码在ldo.c中，垃圾回收部分的代码在lgc.c中。Lua是一门嵌入式的脚本语言，这意味着它的设计目标之一必须满足能够与宿主系统进行交互，这部分代码在lapi.c中。

第一部分

基础数据类型

在这一部分中，我们将集中探讨 Lua 中的基础数据结构。Lua 内部采用一种通用的基础数据结构来表示所有数据类型，这将在第 2 章中介绍。Lua 语言极其精简，只有字符串和表这两种最基本的数据结构。然而，精简并不代表简陋，在这些基础数据结构的实现中，处处可以看到设计者为了性能和可扩展性等（这是 Lua 从一开始就坚持的目标）所做的努力。

第 2 章
Lua 中的数据类型

Lua是一门动态类型的脚本语言，这意味着同一个变量可以在不同时刻指向不同类型的数据。

在Lua中，我们使用一个通用的数据结构lua_TValue来统一表示所有在Lua虚拟机中需要保存的数据类型，这里将这个通用数据结构一层一层地拆解开来介绍。但是开始讨论Lua的实现之前，为了便于对比，我们先来看看在C语言中实现相似的功能，一般做法是怎样的。

2.1　C语言中实现通用数据结构的一般做法

在开始阅读具体的代码之前，首先需要想想，如果要使用一个通用的数据结构来表示不同的数据类型，一般的做法应该是这样的。

❑ 需要一个字段来存储数据的类型。
❑ 需要存储不同的数据类型的数据。

这里又有两种比较常见的做法。

❑ 定义一个公共的数据结构作为基础类型，里面存储的都是表达这个数据的基础信息，其他具体的类型是从这里派生出来的。这就是一般的面向对象的思路。

鉴于Lua使用的是C语言，可以使用类似下面的代码来模拟实现面向对象：

```
struct base {    // 定义基础的数据信息
  int type;
};

struct string {
  struct base info;
  int len;
```

```
    char *data[0];
  };

  struct number {
    struct base info;
    double num;
  };
```

❏ 使用联合（union）来将所有数据包进来，类似下面的代码：

```
  struct string {
    int len;
    char *data[0];
  };

  struct number {
    double num;
  };

  struct value {
    int type;
    union {
      string str;
      number num;
    } value;
  };
```

两种做法各有利弊。在Lua代码中，一般采用两种做法相结合的方式。

2.2 Lua 通用数据结构的实现

在Lua一开始的设计中，主要有以下几种类型：数字（使用double类型表示）、字符串、关联表、nil、userdata 、Lua函数以及C函数。一开始，我们并没有加入布尔类型的数据，同时Lua函数和C函数是分开表示的。

演进到5.1.4版本时，加入了THREAD类型以及布尔类型（详见表2-1），同时也将两种函数合并在了一起：

```
(lua.h)
72 #define LUA_TNONE    (-1)
73
74 #define LUA_TNIL     0
75 #define LUA_TBOOLEAN     1
76 #define LUA_TLIGHTUSERDATA  2
77 #define LUA_TNUMBER     3
78 #define LUA_TSTRING     4
79 #define LUA_TTABLE     5
80 #define LUA_TFUNCTION    6
81 #define LUA_TUSERDATA    7
82 #define LUA_TTHREAD    8
```

表2-1 Lua中的数据类型

宏	类 型	对应数据结构
LUA_TNONE	无类型	无
LUA_TNIL	空类型	无
LUA_TBOOLEAN	布尔类型	无
LUA_TLIGHTUSERDATA	指针	void *
LUA_TNUMBER	数据	lua_Number
LUA_TSTRING	字符串	TString
LUA_TTABLE	表	Table
LUA_TFUNCTION	函数	CClosure、LClosure
LUA_TUSERDATA	指针	void *
LUA_TTHREAD	Lua虚拟机、协程	lua_State

其中LUA_TLIGHTUSERDATA和LUA_TUSERDATA一样,对应的都是void *指针,区别在于前者的分配释放由Lua外部的使用者来完成,而后者则是通过Lua内部来完成的。换言之,前者不需要Lua去关心它的生存期,由使用者自己去关注,后者则反之。

Lua内部用一个宏表示哪些数据类型需要进行GC(Garbage Collection,垃圾回收)操作:

```
(lobject.h)
189 #define iscollectable(o)  (ttype(o) >= LUA_TSTRING)
```

可以看到,LUA_TSTRING(包括LUA_TSTRING)之后的数据类型都需要进行GC操作。

那么,这些需要进行GC操作的数据类型,在Lua中是如何表示的呢?

这些需要进行GC操作的数据类型都会有一个CommonHeader宏定义的成员,并且这个成员在结构体定义的最开始部分。比如,用于表示表的数据类型Table是这么定义的:

```
(lobject.h)
338 typedef struct Table {
339   CommonHeader;
340   lu_byte flags;  /* 1<<p means tagmethod(p) is not present */
341   lu_byte lsizenode;  /* log2 of size of `node' array */
342   struct Table *metatable;
343   TValue *array;  /* array part */
344   Node *node;
345   Node *lastfree;  /* any free position is before this position */
346   GCObject *gclist;
347   int sizearray;  /* size of `array' array */
348 } Table;
```

其中CommonHeader的定义如下:

```
(lobject.h)
39 /*
40 ** Common Header for all collectable objects (in macro form, to be
41 ** included in other objects)
42 */
43 #define CommonHeader  GCObject *next; lu_byte tt; lu_byte marked
```

里面的几个成员定义如下。

□ next：指向下一个GC链表的成员，这将在第7章中详细解释。
□ tt：表示数据的类型，即前面的那些表示数据类型的宏。
□ marked：GC相关的标记位，同样在第7章中再做解释。

同时，还有一个名为GCheader的结构体，其中的成员只有CommonHeader：

```
(lobject.h)
46 /*
47 ** Common header in struct form
48 */
49 typedef struct GCheader {
50   CommonHeader;
51 } GCheader;
```

于是，在Lua中就使用了GCObject联合体将所有需要进行垃圾回收的数据类型囊括了进来：

```
(lstate.h)
133 /*
134 ** Union of all collectable objects
135 */
136 union GCObject {
137   GCheader gch;
138   union TString ts;
139   union Udata u;
140   union Closure cl;
141   struct Table h;
142   struct Proto p;
143   struct UpVal uv;
144   struct lua_State th;  /* thread */
145 };
```

整理一下前面提到的这几个结构体，可以得到这样的结论。

□ 任何需要进行垃圾回收处理的Lua数据类型，必然以CommonHeader作为该结构体定义的最
  开始部分。如果熟悉C++类的实现原理，可以将CommonHeader这个成员理解为一个基类
  的所有成员，而其他需要回收处理的数据类型均从这个基类继承下来，所以它们的结构
  体定义的开始部分就是这个成员。
□ GCObject这个联合体，将所有需要进行垃圾回收的数据类型全部囊括其中，这样定位和
  查找不同类型的数据时就方便多了。而如果只想要它们的GC部分，可以通过GCheader
  gch，如：

```
(lobject.h)
91 #define gcvalue(o)  check_exp(iscollectable(o), (o)->value.gc)
```

仅表示需要进行垃圾回收的数据类型还不够，还有几种数据类型是不需要进行垃圾回收的，Lua中将GCObject和它们一起放在了联合体Value中：

```
(lobject.h)
56 /*
57 ** Union of all Lua values
58 */
59 typedef union {
60   GCObject *gc;
61   void *p;
62   lua_Number n;
63   int b;
64 } Value;
```

到了这一步，差不多可以表示Lua中所有的数据类型了。但是还欠缺一点东西，那就是这些数据到底是什么类型的。于是Lua代码中又有了TValuefields，它用于将Value和类型结合在一起：

```
(lobject.h)
71 #define TValuefields  Value value; int tt
```

这最后形成了Lua中的TValue结构体，Lua中的任何数据都可以通过该结构体表示：

```
(lobject.h)
73 typedef struct lua_TValue {
74   TValuefields;
75 } TValue;
```

Lua通用数据结构的组织如图2-1所示。

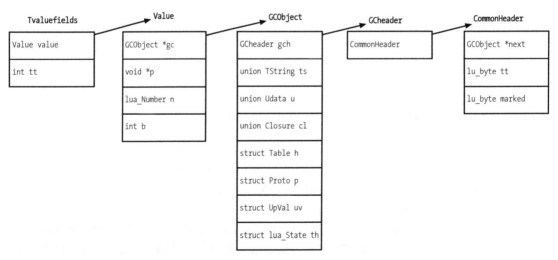

图2-1　Lua通用数据结构的组织

前面提到过，Lua同时采用了两种方式来做到数据统一。根据前面的分析，这表现在以下两个方面。

- 具体类型中有CommonHeader，用来存放所有数据类型都通用的字段。
- TValue作为统一表示所有数据的数据结构，内部使用了联合体Value将所有数据都包起来。

在具体的代码中，TValue用于统一地表示数据，而一旦知道了具体的类型，就需要使用具体的类型了。因此，代码中有不少涉及TValue与具体类型之间转换的代码，其主要逻辑都是将TValue中的tt、value与具体类型的数据进行转换。比如，将lua_Number转换为TValue的宏setnvalue的代码是这样的：

```
(lobject.h)
119 #define setnvalue(obj,x) \
120    { TValue *i_o=(obj); i_o->value.n=(x); i_o->tt=LUA_TNUMBER; }
```

这部分的代码逻辑和命名都差不多，这里就不再列出了。

第 3 章
字符串

本章将介绍Lua内部字符串的实现原理。首先将概述Lua的实现，看看其中设计者主要考虑哪些情况，然后带着这些问题结合具体的代码进行分析。

3.1 概述

C语言并不像C++那样，自带处理字符串类型的库，这导致有非常多的C语言库都自己实现了一个处理字符串的类型和相关的API。一般来说，要表示一个字符串，核心就是以下两个数据。

- 字符串长度。
- 指向存放字符串内存数据的指针。

当然，Lua自己的字符串类型的实现也没有绕过这两个核心内容。只不过，Lua在这方面显然考虑了更多东西。

在Lua中，字符串实际上是被内化（internalization）的一种数据。怎么理解"内化"的含义呢？简单来说，每个存放Lua字符串的变量，实际上存放的并不是一份字符串的数据副本，而是这份字符串数据的引用。在这个理念下，每当新创建一个字符串时，首先都会去检查当前系统中是否已经有一份相同的字符串数据了。如果存在的话就直接复用，将引用指向这个已经存在的字符串数据，否则就重新创建出一份新的字符串数据。

因此，字符串在Lua中是一个不可变的数据，改变一个字符串变量的数据并不会影响原来字符串的数据。比如，在下面的代码中：

```
a = "1"
a = a.."2"
```

第一行代码创建了一个变量a，指向字符串"1"，而在第二行代码中，我们使用..字符串连接符，将变量a后面连接了字符串"2"。第二行代码对变量a的重新修改，并没有影响第一行代码的字符串"1"。换言之，此时系统中存在两个字符串："1"和"12"。这个变化如图3-1所示。

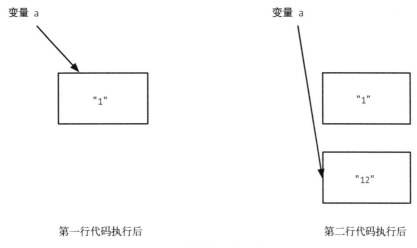

图3-1　字符串内化示意图

而前面生成的字符串"1"，如果其他地方没有引用它的话，将在GC阶段被回收，详情可参见第7章。

这里可以看到，为了实现内化，在Lua虚拟机中必然要有一个全局的地方存放当前系统中的所有字符串，以便在新创建字符串时，先到这里来查找是否已经存在同样的字符串。Lua虚拟机使用一个散列桶来管理字符串，这一点在后面再展开讨论。

Lua在字符串实现上使用内化这种方案的优点在于，进行字符串数据的比较和查找操作时，性能会提升不少，因为这两个操作的核心都是字符串的比较。传统的字符串比较算法是根据字符串长度逐位来进行对比，这个时间复杂度与字符串长度线性相关；而内化之后，在已知字符串散列值的情况下，只需要一次整数的比较即可。这个实现还有另一大好处，那就是空间优化，多份相同的字符串在整个系统中只存在一份副本。Lua是一个在设计之初就把性能、资源占用等放在重要位置的语言，这里再一次得到了体现。

当然，这个实现并不是完全没有缺陷的。以前面描述的创建字符串的过程来说，在创建一个新的字符串时，首先会检查系统中是否有相同的数据，只有不存在的情况下才创建，这与直接创建字符串相比，多了一次查找过程。好在在Lua的实现中，查找一个字符串的操作消耗并不算大。

整理一下上面的描述，主要有以下几点。

❑ 在Lua虚拟机中存在一个全局的数据区，用来存放当前系统中的所有字符串。

❑ 同一个字符串数据，在Lua虚拟机中只可能有一份副本，一个字符串一旦创建，将是不可变更的。

❑ 变量存放的仅是字符串的引用，而不是其实际内容。

下面我们看看Lua中是如何实现字符串的。

3.2 字符串实现

首先，来看看表示字符串的数据结构的定义：

```
(lobject.h)
196 /*
197 ** String headers for string table
198 */
199 typedef union TString {
200   L_Umaxalign dummy;   /* ensures maximum alignment for strings */
201   struct {
202     CommonHeader;
203     lu_byte reserved;
204     unsigned int hash;
205     size_t len;
206   } tsv;
207 } TString;
```

可以看到，这是一个联合体，其目的是为了让TString数据类型按照L_Umaxalign类型来对齐。下面来看看这个类型的定义：

```
(llimitis.h)
46 /* type to ensure maximum alignment */
47 typedef LUAI_USER_ALIGNMENT_T L_Umaxalign;

(luaconf.h)
588 /*
589 @@ LUAI_USER_ALIGNMENT_T is a type that requires maximum alignment.
590 ** CHANGE it if your system requires alignments larger than double. (For
591 ** instance, if your system supports long doubles and they must be
592 ** aligned in 16-byte boundaries, then you should add long double in the
593 ** union.) Probably you do not need to change this.
594 */
595 #define LUAI_USER_ALIGNMENT_T union { double u; void *s; long l; }
```

可见，LUAI_USER_ALIGNMENT_T类型的大小是double、void *、long这3种类型中最大的。

在C语言中，struct/union这样的复合数据类型是按照这个类型中最大对齐量的数据来对齐的，所以这里就是按照double类型的对齐量来对齐的，一般而言是8字节。之所以要进行对齐操作，是为了在CPU读取数据时性能更高。

该数据结构中其余变量的含义如下。

- ❑ **CommonHeader**：这在前面讲解通用数据结构时已经做过解释。
- ❑ **reserved**：这个变量用于标示这个字符串是否是Lua虚拟机中的保留字符串。如果这个值为1，那么将不会在GC阶段被回收，而是一直保留在系统中。只有Lua语言中的关键字才会是保留字符串。
- ❑ **hash**：该字符串的散列值。前面提到过，Lua的字符串比较并不会像一般的做法那样进行逐位对比，而是仅比较字符串的散列值。
- ❑ **len**：字符串长度。

前面提到过，Lua会把系统中的所有字符串存在一个全局的地方，这个全局变量就是global_state的strt成员。这是一个散列数组，专门用于存放字符串：

```
(lstate.h)
38 typedef struct stringtable {
39   GCObject **hash;
40   lu_int32 nuse;  /* number of elements */
41   int size;
42 } stringtable;
```

当新创建一个字符串TString时，首先根据散列算法算出散列值，这就是strt数组的索引值。如果这里已经有元素，则使用链表串接起来，如图3-2所示。

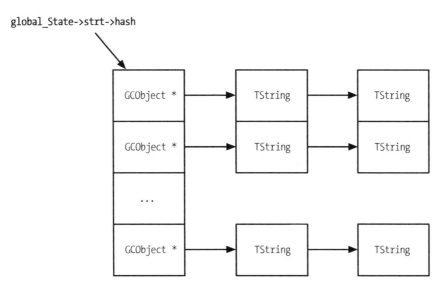

图3-2 存储字符串的数据结构的组织

使用散列桶来存放数据，又有一个问题需要考虑：当数据量非常大时，分配到每个桶上的数据也会非常多，这样一次查找也退化成了一次线性的查找过程。Lua中也考虑了这种情况，所以有一个重新散列（rehash）的过程，这就是当字符串数据非常多时，会重新分配桶的数量，降低每个桶上分配到的数据数量，这个过程在函数luaS_resize中：

```
(lstring.c)
22 void luaS_resize (lua_State *L, int newsize) {
23    GCObject **newhash;
24    stringtable *tb;
25    int i;
26    if (G(L)->gcstate == GCSsweepstring)
27      return;  /* cannot resize during GC traverse */
28    newhash = luaM_newvector(L, newsize, GCObject *);
29    tb = &G(L)->strt;
30    for (i=0; i<newsize; i++) newhash[i] = NULL;
31    /* rehash */
32    for (i=0; i<tb->size; i++) {
33      GCObject *p = tb->hash[i];
34      while (p) {  /* for each node in the list */
35        GCObject *next = p->gch.next;  /* save next */
36        unsigned int h = gco2ts(p)->hash;
37        int h1 = lmod(h, newsize);  /* new position */
38        lua_assert(cast_int(h%newsize) == lmod(h, newsize));
39        p->gch.next = newhash[h1];  /* chain it */
40        newhash[h1] = p;
41        p = next;
42      }
43    }
44    luaM_freearray(L, tb->hash, tb->size, TString *);
45√   tb->size = newsize;
46    tb->hash = newhash;
47 }
```

这段代码的主要逻辑如下。

- **第26行**：如果当前GC处在回收字符串数据的阶段，那么这个函数直接返回，不进行重新散列的操作。
- **第28~30行**：重新分配一个散列桶，并且清空。
- **第32~43行**：遍历原先的数据，存入新的散列桶中。
- **第44~46行**：释放旧的散列桶，保存新分配的散列桶数据。

下面具体看看触发这个resize操作的地方都有哪些。可以发现，有两处关于luaS_resize函数的调用。

- **lgc.c的checkSizes函数**：这里会进行检查，如果此时桶的数量太大，比如是实际存放的字符串数量的4倍，那么会将散列桶数组减少为原来的一半。
- **lstring.c的newlstr函数**：如果此时字符串的数量大于桶数组的数量，且桶数组的数量小于MAX_INT/2，那么就进行翻倍的扩容。

这里分配一个新的字符串，对应的代码在函数luaS_newlstr中：

```
(lstring.c)
75 TString *luaS_newlstr (lua_State *L, const char *str, size_t l) {
76    GCObject *o;
```

```
77  unsigned int h = cast(unsigned int, l);  /* seed */
78  size_t step = (l>>5)+1;  /* if string is too long, don't hash all its chars */
79  size_t l1;
80  for (l1=l; l1>=step; l1-=step)  /* compute hash */
81    h = h ^ ((h<<5)+(h>>2)+cast(unsigned char, str[l1-1]));
82  for (o = G(L)->strt.hash[lmod(h, G(L)->strt.size)];
83       o != NULL;
84       o = o->gch.next) {
85    TString *ts = rawgco2ts(o);
86    if (ts->tsv.len == l && (memcmp(str, getstr(ts), l) == 0)) {
87      /* string may be dead */
88      if (isdead(G(L), o)) changewhite(o);
89      return ts;
90    }
91  }
92  return newlstr(L, str, l, h);  /* not found */
93 }
```

这个函数的逻辑其实很简单，具体如下。

(1) 计算需要新创建的字符串对应的散列值。

(2) 根据散列值找到对应的散列桶，遍历该散列桶的所有元素，如果能够查找到同样的字符串，说明之前已经存在相同字符串，此时不需要重新分配一个新的字符串数据，直接返回即可。

(3) 如果第(2)步中查找不到相同的字符串，调用newlstr函数创建一个新的字符串。

但是这里还有几个细节需要交代一下。

首先，第78行计算了计算散列值操作时的步长。这一步的初衷是为了在字符串非常大的时候，不需要逐位来进行散列值的计算，而仅需要每步长单位取一个字符就可以了。

其次，第88行先调用了isdead函数判断这个字符串是否在当前GC阶段被判定为需要回收，如果是，则调用changewhite函数修改它的状态，将其改为不需要进行回收，从而达到复用字符串的目的。这里我们还没有展开GC相关操作的讲解，所以暂时这么理解。

最后，来看看前面提到的TString结构体中的字段reserved，这个字段用于标示是不是保留字符串。比如，Lua语法中的关键字就都是保留字符串，最开始赋值时是这么处理的：

```
(llex.c)
64 void luaX_init (lua_State *L) {
65   int i;
66   for (i=0; i<NUM_RESERVED; i++) {
67     TString *ts = luaS_new(L, luaX_tokens[i]);
68     luaS_fix(ts);  /* reserved words are never collected */
69     lua_assert(strlen(luaX_tokens[i])+1 <= TOKEN_LEN);
70     ts->tsv.reserved = cast_byte(i+1);  /* reserved word */
71   }
72 }
```

这里存放的值是数组luaX_tokens中的索引。这样，一方面可以迅速定位到是哪个关键字，另一方面如果这个reserved字段不为0，则表示该字符串是不可自动回收的，在GC过程中会略过对这个字符串的处理：

```
(llex.c)
37 const char *const luaX_tokens [] = {
38    "and", "break", "do", "else", "elseif",
39    "end", "false", "for", "function", "if",
40    "in", "local", "nil", "not", "or", "repeat",
41    "return", "then", "true", "until", "while",
42    "..", "...", "==", ">=", "<=", "~=",
43    "<number>", "<name>", "<string>", "<eof>",
44    NULL
45 };
```

这里的每个字符串都与某个保留字Token类型一一对应：

```
(llex.h)
20 /*
21 * WARNING: if you change the order of this enumeration,
22 * grep "ORDER RESERVED"
23 */
24 enum RESERVED {
25    /* terminal symbols denoted by reserved words */
26    TK_AND = FIRST_RESERVED, TK_BREAK,
27    TK_DO, TK_ELSE, TK_ELSEIF, TK_END, TK_FALSE, TK_FOR, TK_FUNCTION,
28    TK_IF, TK_IN, TK_LOCAL, TK_NIL, TK_NOT, TK_OR, TK_REPEAT,
29    TK_RETURN, TK_THEN, TK_TRUE, TK_UNTIL, TK_WHILE,
30    /* other terminal symbols */
31    TK_CONCAT, TK_DOTS, TK_EQ, TK_GE, TK_LE, TK_NE, TK_NUMBER,
32    TK_NAME, TK_STRING, TK_EOS
33 };
```

需要说明的是，上面luaX_tokens字符串数组中的"<number>"、"<name>"、"<string>"、"<eof>"这几个字符串并不真实作为保留关键字存在，但是因为有相应的保留字Token类型，所以也就干脆这么定义一个对应的字符串了。

至此，字符串的实现就讲完了。从上面的分析可以看到，为了提升系统的性能，又需要兼顾消耗的资源，Lua在字符串这个最常见的数据结构上做了很多细致的考虑。

有了以上认知，不难理解在Lua中，应该尽量少地使用字符串连接操作符，因为每一次都会生成一个新的字符串，比如下面两段实现同样功能的代码（出自*Lua Programming Gems*一书的第2章"Lua Performance Tips"）：

```
a = os.clock()
local s = ''
for i = 1,300000 do
    s = s .. 'a'
end
```

```
b = os.clock()
print(b-a)  --6.649481
```

这段代码使用字符串连接操作符来生成新的字符串。下面是另一种实现：

```
a = os.clock()
local s = ''
local t = {}
for i = 1,300000 do
    t[#t + 1] = 'a'
end
s = table.concat( t, '')
b = os.clock()
print(b-a)  --0.07178
```

这种做法使用table来模拟字符串缓冲区，避免了大量使用连接操作符，其性能比第一段代码提升了95倍多。

第 4 章
表

使用表来统一表示Lua中的一切数据，是Lua区分于其他语言的一个特色。这个特色从最开始的Lua版本保持至今，很大的原因是为了在设计上保持简洁。Lua表分为数组和散列表部分，其中数组部分不像其他语言那样，从0开始作为第一个索引，而是从1开始。散列表部分可以存储任何其他不能存放在数组部分的数据，唯一的要求就是键值不能为nil。尽管内部实现上区分了这两个部分，但是对使用者而言却是透明的。使用Lua表，可以模拟出其他各种数据结构——数组、链表、树等。

虽然设计上简洁，并且对使用者更加透明、友好，但是如果使用不当，还会造成效率性能上的差异。

4.1 数据结构

首先，我们来看看表的数据类型定义：

```
(lobject.h)
338 typedef struct Table {
339   CommonHeader;
340   lu_byte flags;  /* 1<<p means tagmethod(p) is not present */
341   lu_byte lsizenode;  /* log2 of size of `node' array */
342   struct Table *metatable;
343   TValue *array;  /* array part */
344   Node *node;
345   Node *lastfree;  /* any free position is before this position */
346   GCObject *gclist;
347   int sizearray;  /* size of `array' array */
348 } Table;
```

接着来看看Table结构体里各个成员的含义。

❑ **CommonHeader**：这在2.2节中已经解释过。

❑ **lu_byte flags**：这是一个byte类型的数据，用于表示这个表中提供了哪些元方法。最开始这个flags是1，当查找一次之后，如果该表中存在某个元方法，那么将该元方法对应的flag bit置为0，这样下一次查找时只需要比较这个bit就行了。每个元方法对应的bit定义在ltm.h文件中。

❑ **lu_byte lsizenode**：该表中以2为底的散列表大小的对数值。同时由此可知，散列表部分的大小一定是2的幂，即如果散列桶数组要扩展的话，也是以每次在原大小基础上乘以2的形式扩展。

❑ **struct Table *metatable**：存放该表的元表。

❑ **TValue *array**：指向数组部分的指针。

❑ **Node *node**：指向该表的散列桶数组起始位置的指针。

❑ **Node *lastfree**：指向该表散列桶数组的最后位置的指针。

❑ **GCObject *gclist**：GC相关的链表，第7章再来讲解相关的内存。

❑ **int sizearray**：数组部分的大小。

这里需要注意一个细节，那就是lsizenode使用的是byte类型，而sizearray使用的是int类型。由于在散列桶部分，每个散列值相同的数据都会以链表的形式串起来，所以即使数量用完了，也不要紧。因此这里使用byte类型，而且是原数据以2为底的对数值，因为要根据这个值还原回原来的真实数据，也只是需要移位操作罢了，速度很快。

接着看看表中结点的数据类型。首先，从Node的类型定义可以看出，它包含两个成员，一个表示结点的key，另一个表示结点的value。value部分就不多解释了，还是通用数据类型TValue。下面来看看key部分的含义：

```
(lobject.h)
319 /*
320 ** Tables
321 */
322
323 typedef union TKey {
324   struct {
325     TValuefields;
326     struct Node *next;  /* for chaining */
327   } nk;
328   TValue tvk;
329 } TKey;
330
331
332 typedef struct Node {
333   TValue i_val;
334   TKey i_key;
335 } Node;
```

可以看到，这个数据类型是union类型。一般情况下，如果看到一个数据类型是union，就可以知道这个数据想以一种较为省内存的方式来表示多种用途，而这些用途之间是"互斥"的，也就是说，在某个时刻该数据类型只会是其中的一个含义。这种C编程技巧在Lua中非常常见。

从以上定义可以看到，Lua表中将数据存放在两种类型的数据结构中，一个是数组，一个是散列表。表的数据结构示意图如图4-1所示。

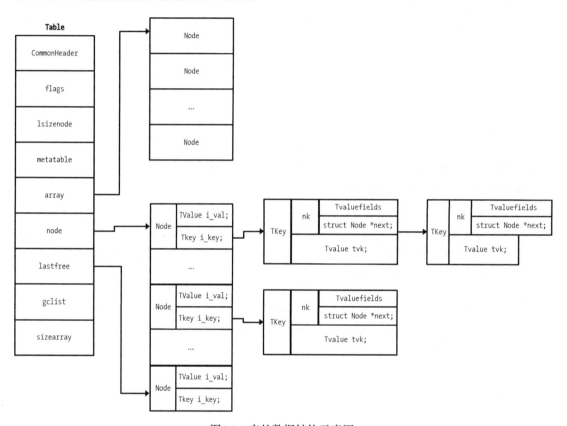

图4-1　表的数据结构示意图

4.2　操作算法

因为表包括散列表和数组这两部分数据，所以一个以整数作为键值的数据写入Lua表时，并不确定是写入了数组还是散列表中。在实际代码中，如果不清楚这部分操作的原理，会导致一些隐含的问题，这一节就将这部分操作的原理展开来讨论。

4.2.1　查找

先来看看查找算法，如果将其他细枝末节去掉，在表中查找一个数据的伪代码如下：

如果输入的key是一个正整数，并且它的值 > 0 && <= 数组大小

　　尝试在数组部分查找

否则尝试在散列表部分查找：

　　计算出该key的散列值，根据此散列值访问Node数组得到散列桶所在的位置

　　遍历该散列桶下的所有链表元素，直到找到该key为止

可以看到，即使是一个正整数的key，其存储部分也不见得会一定落在数组部分，这完全取决于它的大小是否落在了当前数组可容纳的空间范围内。

这里我们以下面的代码为例：

```
function print_ipairs(t)
  for k, v in ipairs(t) do
    print(k)
  end
end

local t = {}
t[1] = 0
t[100] = 0

print_ipairs(t)
```

这段代码的作用是，向表t中添加了两个key为整数的数据，然后使用ipairs函数遍历该表，看看数组部分的索引都有哪些。可以看到，这里的key有1和100，最后只有1作为数组部分存储下来了，而100是存储到散列表部分中。

于是疑问就来了，一个整数的key是如何决定其数据到底存储在哪一部分？带着这个疑问，接下来看看新增数据的算法。

4.2.2　新增元素

添加新元素的流程比较复杂，因为涉及重新分配表中数组和散列表部分的流程。

散列表部分的数据组织是，首先计算数据的key所在的桶数组位置，这个位置称为mainposition。相同mainposition的数据以链表形式组织，如图4-2所示。

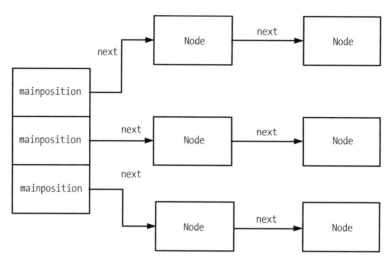

图4-2　mainposition数据组织

　　需要说明的是，这部分的API包括luaH_set、luaH_setnum、luaH_setstr这3个函数，它们的实际行为并不在其函数内部对key所对应的数据进行添加或者修改，而是返回根据该key查找到的TValue指针，由外部的使用者来进行实际的替换操作。

　　当找不到对应的key时，这几个API最终都会调用内部的newkey函数分配一个新的key来返回：

```
(ltable.c)
392 /*
393 ** inserts a new key into a hash table; first, check whether key's main
394 ** position is free. If not, check whether colliding node is in its main
395 ** position or not: if it is not, move colliding node to an empty place and
396 ** put new key in its main position; otherwise (colliding node is in its main
397 ** position), new key goes to an empty position.
398 */
399 static TValue *newkey (lua_State *L, Table *t, const TValue *key) {
400   Node *mp = mainposition(t, key);
401   if (!ttisnil(gval(mp)) || mp == dummynode) {
402     Node *othern;
403     Node *n = getfreepos(t);  /* get a free place */
404     if (n == NULL) {  /* cannot find a free place? */
405       rehash(L, t, key);  /* grow table */
406       return luaH_set(L, t, key);  /* re-insert key into grown table */
407     }
408     lua_assert(n != dummynode);
409     othern = mainposition(t, key2tval(mp));
410     if (othern != mp) {  /* is colliding node out of its main position? */
411       /* yes; move colliding node into free position */
412       while (gnext(othern) != mp) othern = gnext(othern);  /* find previous */
413       gnext(othern) = n;  /* redo the chain with `n' in place of `mp' */
414       *n = *mp;  /* copy colliding node into free pos. (mp->next also goes) */
415       gnext(mp) = NULL;  /* now `mp' is free */
416       setnilvalue(gval(mp));
```

```
417      }
418      else {  /* colliding node is in its own main position */
419        /* new node will go into free position */
420        gnext(n) = gnext(mp);  /* chain new position */
421        gnext(mp) = n;
422        mp = n;
423      }
424    }
425    gkey(mp)->value = key->value; gkey(mp)->tt = key->tt;
426    luaC_barriert(L, t, key);
427    lua_assert(ttisnil(gval(mp)));
428    return gval(mp);
429 }
```

这个函数的操作流程如下。

(1) 根据key来查找其所在散列桶的mainposition，如果返回的结果中，该Node的值为nil，那么直接将key赋值并且返回Node的TValue指针就可以了。

(2) 否则说明该mainposition上已经有其他数据了，需要重新分配空间给这个新的key，然后将这个新的Node串联到对应的散列桶上。

可见，整个过程都是在散列桶部分进行的，理由是即使key是一个数字，也已经在调用newkey函数之前进行了查找，结果却没有找到，所以这个key都会进入散列桶部分来查找。

以上操作涉及重新对表空间进行分配的情况。这一部分比较复杂，入口函数是rehash，顾名思义，这个函数的作用就是为了做重新散列操作：

```
333 static void rehash (lua_State *L, Table *t, const TValue *ek) {
334    int nasize, na;
335    int nums[MAXBITS+1];  /* nums[i] = number of keys between 2^(i-1) and 2^i */
336    int i;
337    int totaluse;
338    for (i=0; i<=MAXBITS; i++) nums[i] = 0;  /* reset counts */
339    nasize = numusearray(t, nums);  /* count keys in array part */
340    totaluse = nasize;  /* all those keys are integer keys */
341    totaluse += numusehash(t, nums, &nasize);  /* count keys in hash part */
342    /* count extra key */
343    nasize += countint(ek, nums);
344    totaluse++;
345    /* compute new size for array part */
346    na = computesizes(nums, &nasize);
347    /* resize the table to new computed sizes */
348    resize(L, t, nasize, totaluse - na);
349 }
```

它的主要操作如下所示。

(1) 分配一个位图nums，将其中的所有位置0。这个位图的意义在于：nums数组中第i个元素存放的是key在$2^{(i-1)}$和2^i之间的元素数量。

(2) 遍历Lua表中的数组部分，计算其中的元素数量，更新对应的nums数组中的元素数量（numusearray函数）。

(3) 遍历lua表中的散列桶部分，因为其中也可能存放了正整数，需要根据这里的正整数数量更新对应的nums数组元素数量（numusehash函数）。

(4) 此时nums数组已经有了当前这个Table中所有正整数的分配统计，逐个遍历nums数组，获得其范围区间内所包含的整数数量大于50%的最大索引，作为重新散列之后的数组大小，超过这个范围的正整数，就分配到散列桶部分了（computesizes函数）。

(5) 根据上面计算得到的调整后的数组和散列桶大小调整表（resize函数）。

Lua的设计思想是，简单高效，并且还要尽量节省内存资源。

在重新散列的过程中，除了增大Lua表的大小以容纳新的数据之外，还希望能借此机会对原有的数组和散列桶部分进行调整，让两部分都尽可能发挥其存储的最高容纳效率。

那么，这里的标准是什么呢？希望在调整过后，数组在每一个2次方位置容纳的元素数量都超过该范围的50%。能达到这个目标的话，我们就认为这个数组范围发挥了最大的效率。

设想一个场景来模拟前面的算法流程。假设现在有一个Lua表，经过一些变化之后，它的数组有以下key的元素：1, 2, 3, 20。首先，算法将计算这些key被分配到了哪些区间。在这个算法里，我们使用数组来保存落在每个范围内的数据数量，其中每个元素存放的是key在$2^{(i-1)}$和2^i之间的元素数量。

前面关于数字键值的统计跑完之后，得到的结果是：

```
nums[0] = 1 (1落在此区间)
nums[1] = 1 (2落在此区间)
nums[2] = 1 (3落在此区间)
nums[3] = 0
nums[4] = 0
nums[5] = 1 (20落在此区间)
nums[6] = 0
...
nums[n] = 0 (其中n > 5 且 n <= MAXBITS)
```

计算完毕后，我们得到了这个数组每个元素的数据，也就是得到了落在每个范围内的数据数量。接着，我们来计算怎样才能最大限度地使用这部分空间。这个算法由函数computesizes实现：

```
(ltable.c)
189 static int computesizes (int nums[], int *narray) {
190    int i;
191    int twotoi;  /* 2^i */
192    int a = 0;  /* number of elements smaller than 2^i */
193    int na = 0;  /* number of elements to go to array part */
194    int n = 0;  /* optimal size for array part */
195    for (i = 0, twotoi = 1; twotoi/2 < *narray; i++, twotoi *= 2) {
196      if (nums[i] > 0) {
```

```
197      a += nums[i];
198      if (a > twotoi/2) {  /* more than half elements present? */
199        n = twotoi;  /* optimal size (till now) */
200        na = a;  /* all elements smaller than n will go to array part */
201      }
202    }
203    if (a == *narray) break;  /* all elements already counted */
204  }
205  *narray = n;
206  lua_assert(*narray/2 <= na && na <= *narray);
207  return na;
208 }
```

这个函数的输入参数nums是前面已经计算好的计数数组。narray存放的是前面计算得到的数字键值的数量，这是一个指针，说明会在这个函数中被修改，最后作为重新散列操作时数组部分的大小。

这个函数的原理就是循环遍历数字键值部分，找到满足前面提到的条件的最大值：该范围内的数据满足大于50%的值。

结合前面的测试数据来"试运行"一下这个函数。

此时传入的narray参数是5，也就是目前数组部分的数据数量。

首先，twotoi为1，i为0，a在循环初始时为0，它表示的是循环到目前为止数据小于2^i的数据数量。

i= 0，nums[i] = 1，twotoi = 1，a += nums[i] = 1，此时满足a > twotoi/2，也就是满足这个范围内数组利用率大于50%的原则，此时记录下这个范围，也就是n = twotoi = 1，到目前为止的数据数量na = a = 1。

i = 1，nums[i] = 1，twotoi = 2，a += nums[i] = 2，此时同样满足a > twotoi/2的条件，继续记录下这个位置和数据数量n=2，na=2。

但是当i = 5，nums[i] = 1，twotoi = 32，a += nums = 3，此时不满足a > twotoi/2的条件，因此维持na和a不变。

当循环结束时，可以发现当遍历完毕nums数组时，最后一次记录的位置是3，也就是说1、2、3这三个元素落在了数组部分，而20则落在了散列桶部分，数组的大小是3。

从上面的过程可以看出，一个整数的key在同一个表中不同的阶段可能被分配到数组或者散列桶部分，而这一点是很多人经常忽视的。

另外，从上面的分析可以看到，Lua解释器背着我们会对表进行重新散列的动作，而这个操作的代价是挺大的，如下面的代码：

```lua
local a = {}
for i=1,3 do
  a[i] = true
end
```

在这段代码中，主要做了如下工作。

(1) 最开始，Lua创建了一个空表a。

(2) 在第一次迭代中，a[1]为true触发了一次重新散列操作，Lua将数组部分的长度设置为2^0，即1，散列表部分仍为空。

(3) 在第二次迭代中，a[2]为true再次触发了重新散列操作，将数组部分长度设为2^1，即2。

(4) 最后一次迭代又触发了一次重新散列操作，将数组部分长度设为2^2，即4。

只有三个元素的表会执行三次重新散列操作，然而有100万个元素的表仅仅只会执行20次重新散列操作而已，因为2^20 = 1048576 > 1000000。但是，如果创建了非常多的长度很小的表（比如坐标点：point = {x=0, y=0}），这可能会造成巨大的影响。

如果你有很多很小的表需要创建，就可以预先填充以避免重新散列操作。比如：{true, true, true}，Lua知道这个表有3个元素，所以直接创建了3个元素的数组。类似地，{x=1, y=2, z=3}，Lua会在其散列表部分中创建长度为3的数组。

这里对比以下两段代码，首先看没有使用预填充技术的代码：

```lua
a = os.clock()
for i = 1,2000000 do
  local a = {}
  a[1] = 1; a[2] = 2; a[3] = 3
end
b = os.clock()
print(b-a)
```

再看使用了预填充技术的代码：

```lua
a = os.clock()
for i = 1,2000000 do
  local a = {1,2,3}
  a[1] = 1; a[2] = 2; a[3] = 3
end
b = os.clock()
print(b-a)
```

在我的机器上，使用了预填充技术的代码比没有使用这个优化的代码的速度提高了一倍多。

所以，当需要创建非常多的小表时，应预先填充好表的大小，减少解释器被动地进行重新散列操作的过程。

4.2.3 迭代

在一般算法库的设计中，针对容器类的迭代，会提供一个迭代器的数据，这个数据主要用于维护当前迭代到容器的哪部分数据了，下次再根据这个位置查找下一部分数据。

表迭代不是这样设计的，很大的原因是为了兼容数组部分和散列桶部分的访问。迭代操作传入的不是一个迭代器，而是key。迭代对外的API是LuaH_next函数，它的伪代码是：

在数组部分查找数据：
    查找成功，则返回该key的下一个数据
否则在散列桶部分查找数据：
    查找成功，则返回该key的下一个数据

尽管这看上去很简单，但是有细节需要注意一下。这个函数一开始就进入findindex中进行查询，并区分数组和散列桶部分。findindex函数的返回结果是一个整数索引，如果这个索引在表的sizearray之内，则说明落入到数组部分，否则就落入到散列桶部分。在luaH_next函数中使用这个返回值时，看起来是两个循环，实际上已经根据这个值的范围进行了区分，不会同一个key走入两个循环中。而在返回散列桶部分时，这个索引值为"sizearray+对应散列桶索引的值"。

4.2.4 取长度操作

在Lua代码中，可以使用#符号对表进行取长度操作。对Lua中的表进行取长度操作时，如果没有提供该表的元方法_len，那么该操作只针对该表的序列（sequence）部分进行。"序列"指的是表的一个子集{1 ... n}，其中n是一个正整数，并且里面每个键对应的数据都不为nil。比如在表{10, 20, nil, 40}中，因为位置3的数据是nil，所以它并不是一个序列。

在Lua 5.1版本的手册中，是这样来描述这个操作的：

    table t的长度被定义成一个整数下标n。它满足t[n]不是nil而t[n+1]为nil；此外，如果t[1]为nil，n就可能是零。对于常规的数组，下标从1到n的位置放着一些非空值的时候，它的长度就精确为n，即最后一个值的下标。如果数组有一个"空洞"（也就是说，nil值被夹在非空值之间），那么#t可能是指向任何一个nil值的前一个位置的下标（就是说，任何一个nil值都有可能被当成数组的结果）。

下面我们通过代码来理解这段话。

先来看看取长度操作具体的实现，其入口函数是luaH_getn，其伪代码是：

如果表存在数组部分：
    初始化i=0,j=table的sizearray
    满足 (j - i) > 1的条件下，循环：
        m = (j + i) / 2
        如果array[m-1]为nil值：j = m
        否则i = m

返回i

否则前面的数组部分查不到满足条件的数据，进入散列桶部分进行查找，算法与前面数组部分类似。

这里以两个例子来说明这个函数针对数组部分的运作情况：

```
print(#{10, 20, nil})
```

进入luaH_getn函数时，sizearray成员等于3，几次循环的行为依次为：

(1) i=0，j=3，m=(i+j)/2 = 1，array[m-1]=1不为nil，i=m=1；

(2) i=1，j=3，m=(i+j)/2 = 2，array[m-1]=1不为nil，i=m=2；

(3) i=2，j=3，条件j - i> 1不满足，循环终止，返回i=2。

而如果处理的是下面这个表，则是另一幅光景：

```
print(#{10, nil, 20, nil})
```

进入luaH_getn函数时，sizearray成员等于4，几次循环的行为依次为：

(1) i=0，j=4，m=(i+j)/2 = 2，array[m-1]为nil，j=m=2；

(2) i=0，j=2，m=(i+j)/2 = 1，array[m-1]=10不为nil，i=m=1；

(3) i=1，j=2，条件j - i> 1不满足，循环终止，返回i=1。

可以看到，同样是数组部分最后一个对象是nil值的情况下，在第一个例子中，表以最后一个nil作为数组的结束，而在第二个例子中却是以第一个nil值作为结束。这正是取长度操作符在针对数组部分中存在"空洞"（nil值）的情况下最让人迷惑的地方。由于nil值的存在导致的取表长度操作不稳定，所以建议不要在表中存放nil值。

当这个表里只有散列桶部分时，也是针对其中键值为正整数的部分进行取长度操作。比如：

```
print(#{[1]=1,[2]=2,[5]=5}) -- 输出2
```

可以看到，虽然是针对只有散列桶部分的表进行取长度操作，但是规则也是一样的。

而如果表中混合了这两种风格的数据，那么优先取数组部分的长度：

```
print(#{[1]=1,[2]=2,1,2,3}) -- 输出3，即选择的是数组部分(1,2,3)的长度
```

从以上分析可以看到，使用Lua表时需要注意以下几点。

❑ 尽量不要在一个表中混用数组和散列桶部分，即一个表最好只存放一类数据。Lua的实现上确实提供了两者统一表示的遍历，但是这并不意味着使用者就应该混用这两种方式。

❑ 尽量不要在表中存放nil值，这会让取长度操作的行为不稳定。

❑ 尽量避免重新散列操作，因为这个操作的代价极大，通过预分配、只使用数组部分等策略规避这个Lua解释器背后的动作，能提升不少效率。

第二部分

虚拟机

在这一部分中，我们将详细讲解 Lua 虚拟机的实现，这是本书最重点的内容，也是任何一个程序设计语言实现时的核心内容。可以说，如果清楚了这部分内容，对 Lua 的理解又会加深很多。这一部分包括以下两章。

❏ 第 5 章首先分析了 Lua 虚拟机的工作原理，其中包括相关的核心数据结构、指令的解析和执行过程，最后介绍了我在阅读源码的过程中常用的调试手段。

❏ 第 6 章首先分析了 Lua 的词法，然后将执行指令划分为几个大类，抽出其中的典型例子来分析。

第 5 章
Lua 虚拟机

本章的重点在于让读者对Lua虚拟机的执行过程、涉及的核心数据结构有所了解，接着还分析了Lua虚拟机的指令格式以及常用的调试手段。

5.1　Lua 执行过程概述

脚本语言通常都是解释执行的。每一门脚本语言都会有自己定义的OpCode（operation code，也称为bytecode，一般翻译为"操作码"或者"字节码"），即为这门程序定义的"汇编语言"。一般的编译型语言，比如C等，经过编译器编译之后，生成的都是与当前硬件环境相匹配的汇编代码；而脚本型语言经过编译器前端处理之后，生成的就是字节码，再将该字节码放在这门语言的虚拟机中逐个执行。

脚本语言没有像编译型语言那样直接编译为机器能识别的机器代码，这意味着解释型脚本语言与编译型语言的区别如下。

- ❑ 由于每个脚本语言都有自己的一套字节码，与具体的硬件平台无关，所以不用修改脚本代码，就能运行在各个平台上。硬件、软件平台的差异都由语言自身的虚拟机解决。
- ❑ 由于脚本语言的字节码需要由虚拟机执行，而不像机器代码这样能够直接执行，所以运行速度比编译型语言差不少。

可以看出，脚本语言的虚拟机扮演了一个中间层的角色，作为底层操作系统的上层抽象。对上而言，它负责解释执行字节码；对下而言，它屏蔽了平台相关的内容，使得脚本代码可以不用修改就能运行在多个平台上。

有了虚拟机这个中间层，同样的代码可以不经修改就运行在不同的操作系统、硬件平台上。

Java、Python都是基于虚拟机的编程语言，Lua同样也是这样。一般而言，一个语言的虚拟机需要完成以下工作。

- 将源代码编译成虚拟机可以识别执行的字节码。
- 为函数调用准备调用栈。
- 内部维持一个IP（Instruction Pointer，指令指针）来保存下一个将执行的指令地址。在Lua代码中，IP对应的是PC指针，这在后面会涉及。
- 模拟一个CPU的运行：循环拿出由IP指向的字节码，根据字节码格式进行解码，然后执行字节码。

虚拟机有两种不同的实现方式：基于栈的虚拟机和基于寄存器的虚拟机（stack-based vs. register-based）。市面上常见的虚拟机（比如Java、.Net）都是基于栈的虚拟机，Lua是已知的第一个使用基于寄存器虚拟机并且被广泛使用的编程语言。下面来谈谈两者的区别。

在基于栈的虚拟机中，字节码的操作数是从栈顶上弹出（pop），在执行完操作之后再压入（push）栈顶的。以一个加法操作为例，在操作前后它的栈结构如图5-1所示。

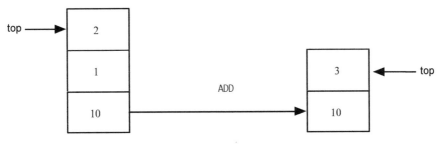

图5-1 基于栈的虚拟机

基于栈的虚拟机执行这个加法操作的伪代码如下：

```
POP 2
POP 1
ADD 2,1,result
PUSH result
```

可以看到，执行一条加法操作需要4条字节码，其中前几条指令用于准备数据，将数据压栈，这是这种设计的缺点。但是优点是，指令中不需要关心操作数的地址，在执行操作之前已经将操作数准备在栈顶上了。

与基于栈的虚拟机不同，在基于寄存器的指令中，操作数是放在"CPU的寄存器"中（因为并不是物理意义上的寄存器，所以这里打了双引号）。因此，同样的操作不再需要PUSH、POP指令，取而代之的是在字节码中带上具体操作数所在的寄存器地址。同样，以前面的加法操作为例，计算前后如图5-2所示。

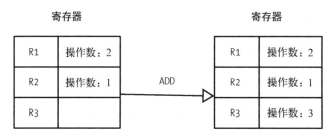

图5-2　基于寄存器的虚拟机

基于寄存器的虚拟机执行这个加法操作的伪代码如下：

```
ADD R1,R2,R3 #寄存器R1与R2的相加结果保存在寄存器R3中
```

可以看到，对比基于栈的寄存器，这里只需要一条指令就可以完成加法操作，但缺点是此时程序需要关注操作数所在的位置。

Lua使用的是基于寄存器的虚拟机实现方式，其中很大的原因是它的设计目标之一就是尽可能高效。

总结一下，实现一个脚本语言的解释器，其核心问题有如下几个。

❑ 设计一套字节码，分析源代码文件生成字节码。
❑ 在虚拟机中执行字节码。
❑ 如何在整个执行过程中保存整个执行环境。

有了以上概念，下面简单讲解Lua代码从词法分析到语法分析再到生成字节码，最后进入虚拟机的大体流程，如图5-3所示。

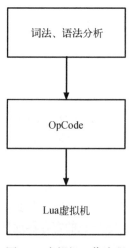

图5-3　虚拟机工作流程

执行Lua文件调用的是luaL_dofile函数，它实际上是个宏，内部首先调用luaL_loadfile函数，再调用lua_pcall函数：

```
(lauxlib.h)
111 #define luaL_dofile(L, fn) \
112    (luaL_loadfile(L, fn) || lua_pcall(L, 0, LUA_MULTRET, 0))
```

其中luaL_loadfile函数用于进行词法和语法分析，lua_pcall用于将第一步中分析的结果（也就是字节码）放到虚拟机中执行。

下面首先来看luaL_loadfile函数，暂时不深入研究它如何分析代码，先看它输出什么。它最终会调用f_parser函数，这是对代码进行分析的入口函数：

```
(ldo.c)
490 static void f_parser (lua_State *L, void *ud) {
491    int i;
492    Proto *tf;
493    Closure *cl;
494    struct SParser *p = cast(struct SParser *, ud);
495    int c = luaZ_lookahead(p->z);
496    luaC_checkGC(L);
497    tf = ((c == LUA_SIGNATURE[0]) ? luaU_undump : luaY_parser)(L, p->z,
498                                                  &p->buff, p->name);
499    cl = luaF_newLclosure(L, tf->nups, hvalue(gt(L)));
500    cl->l.p = tf;
501    for (i = 0; i < tf->nups; i++)  /* initialize eventual upvalues */
502      cl->l.upvals[i] = luaF_newupval(L);
503    setclvalue(L, L->top, cl);
504    incr_top(L);
505 }
```

这里暂时不深究词法分析等细节，仅看这个函数对外的输出就可以看到：完成词法分析之后，返回了Proto类型的指针tf，然后将其绑定在新创建的Closure指针上，初始化UpValue，最后压入栈中。

不难想象，词法分析之后产生的字节码等相关数据都在这个Proto类型的结构体中，而这个数据又作为Closure保存了下来，留待下一步使用。

接着看看lua_pcall函数是如何将产生的字节码放入虚拟机中执行的：

```
(lapi.c)
805 LUA_API int lua_pcall (lua_State *L, int nargs, int nresults, int errfunc) {
806    struct CallS c;
807    int status;
808    ptrdiff_t func;
809    lua_lock(L);
810    api_checknelems(L, nargs+1);
811    checkresults(L, nargs, nresults);
812    if (errfunc == 0)
813      func = 0;
```

```
814    else {
815      StkId o = index2adr(L, errfunc);
816      api_checkvalidindex(L, o);
817      func = savestack(L, o);
818    }
819    c.func = L->top - (nargs+1);  /* function to be called */
820    c.nresults = nresults;
821    status = luaD_pcall(L, f_call, &c, savestack(L, c.func), func);
822    adjustresults(L, nresults);
823    lua_unlock(L);
824    return status;
825  }
```

可以看到，首先获取需要调用的函数指针：

```
819    c.func = L->top - (nargs+1);  /* function to be called */
```

这里的nargs是由函数参数传入的，在luaL_dofile中调用lua_pcall时，这里传入的参数是0，换句话说，这里得到的函数对象指针就是前面f_parser函数中最后两句代码放入Lua栈的Closure指针：

```
503    setclvalue(L, L->top, cl);
504    incr_top(L);
```

继续往下执行，在调用函数luaD_pcall时，最终会执行到luaD_call函数，这其中有这么一段代码：

```
(ldo.c)
376    if (luaD_precall(L, func, nResults) == PCRLUA)  /* is a Lua function? */
377      luaV_execute(L, 1);  /* call it */
```

首先，调用luaD_precall函数进行执行前的准备工作：

```
(ldo.c)
264  int luaD_precall (lua_State *L, StkId func, int nresults) {
272    if (!cl->isC) {  /* Lua function? prepare its call */

275      Proto *p = cl->p;

288      ci = inc_ci(L); /* now `enter' new function */
289      ci->func = func;
290      L->base = ci->base = base;
291      ci->top = L->base + p->maxstacksize;

293      L->savedpc = p->code;  /* starting point */

296      for (st = L->top; st < ci->top; st++)
297        setnilvalue(st);
298      L->top = ci->top;
304      return PCRLUA;
305    }
```

把关键的代码挑出来，上面代码的含义就一目了然了。

❑ 从lua_State的CallInfo数组中得到一个新的CallInfo结构体，设置它的func、base、top指针。

❑ 第275行用于从前面分析阶段生成的Closure指针中，取出保存下来的Proto结构体。前面提到过，这个结构体中保存的是分析过程完结之后生成的字节码等信息。

❑ 将这里创建的CallInfo指针的top/base指针赋值给lua_State结构体的top、base指针。第293行将Proto结构体的code成员赋值给lua_State指针的savedpc字段，code成员保留的就是字节码。

❑ 第296~297行的作用是把多余的函数参数赋值为nil，比如一个函数定义中需要的是两个参数，实际传入的只有一个，那么多出来的那个参数会被赋值为nil。

回到前面的luaD_call函数。调用完luaD_precall函数之后，接着会进入luaV_execute函数，这里是虚拟机执行代码的主函数：

```
(lvm.c)
373 void luaV_execute (lua_State *L, int nexeccalls) {
374   LClosure *cl;
375   StkId base;
376   TValue *k;
377   const Instruction *pc;
378  reentry:  /* entry point */
379   lua_assert(isLua(L->ci));
380   pc = L->savedpc;
381   cl = &clvalue(L->ci->func)->l;
382   base = L->base;
383   k = cl->p->k;
384   /* main loop of interpreter */
385   for (;;) {
386     const Instruction i = *pc++;
387     StkId ra;
388     if ((L->hookmask & (LUA_MASKLINE | LUA_MASKCOUNT)) &&
389         (--L->hookcount == 0 || L->hookmask & LUA_MASKLINE)) {
390       traceexec(L, pc);
391       if (L->status == LUA_YIELD) {  /* did hook yield? */
392         L->savedpc = pc - 1;
393         return;
394       }
395       base = L->base;
396     }
397     /* warning!! several calls may realloc the stack and invalidate `ra' */
398     ra = RA(i);
      /* 后面是各种字节码的处理流程 */
```

这里的pc指针存放的是虚拟机OpCode代码，它最开始从L->savepc初始化而来，而L->savepc在luaD_precall中赋值：

```
(ldo.c)
293     L->savedpc = p->code;  /* starting point */
```

可以看到，luaV_execute函数最主要的作用就是一个大循环，将当前传入的指令依次执行。

最后，执行完毕后，还会调用luaD_poscall函数恢复到上一次函数调用的环境：

```
342 int luaD_poscall (lua_State *L, StkId firstResult) {
    // ...
351   L->base = (ci - 1)->base;  /* restore base */
352   L->savedpc = (ci - 1)->savedpc;  /* restore savedpc */
353   /* move results to correct place */
354   for (i = wanted; i != 0 && firstResult < L->top; i--)
355     setobjs2s(L, res++, firstResult++);
356   while (i-- > 0)
357     setnilvalue(res++);
358   L->top = res;
359   return (wanted - LUA_MULTRET);  /* 0 iff wanted == LUA_MULTRET */
360 }
```

现在大致的流程已经清楚了，我们来回顾一下，如图5-4所示。

(1) 在f_parser函数中，对代码文件的分析返回了Proto指针。这个指针会保存在Closure指针中，留待后续继续使用。

(2) 在luaD_precall函数中，将lua_state的savedpc指针指向第1步中Proto结构体的code指针，同时准备好函数调用时的栈信息。

(3) 在luaV_execute函数中，pc指针指向第2步中的savedpc指针，紧跟着就是一个大的循环体，依次取出其中的OpCode执行。

执行完毕后，调用luaD_poscall函数恢复到上一个函数的环境。

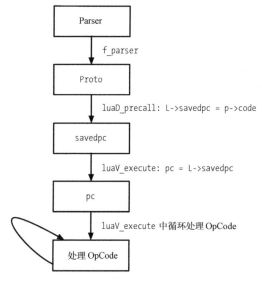

图5-4　虚拟机执行流程的核心函数及数据

因此，Lua虚拟机指令执行的两大入口函数如下。

- **词法、语法分析阶段的luaY_parser**。为了提高效率，Lua一次遍历脚本文件不仅完成了词法分析，还完成了语法分析，生成的OpCode存放在Proto结构体的code数组中，这些将在第6章中分析。
- **luaV_execute**。它是虚拟机执行指令阶段的入口函数，取出第一步生成的Proto结构体中的指令执行。

Proto是分析阶段的产物，执行阶段将使用分析阶段生成的Proto来执行虚拟机指令，在分析阶段会有许多数据结构参与其中，可它们都是临时用于分析阶段的，或者说最终是用来辅助生成Proto结构体的。

可以看到，Proto结构体是分析阶段和执行阶段的纽带（如图5-5所示）。只要抓住了Proto结构体这一个数据的流向，就能对从分析到执行的整个流程有大体的了解了。

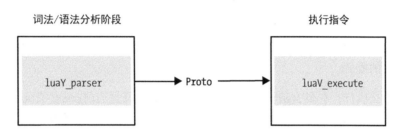

图5-5　Proto结构体是连接分析阶段及执行阶段的桥梁

到了这里，可以大致看看Proto结构体中都有哪些数据了：

- 函数的常量数组；
- 编译生成的字节码信息，也就是前面提到的code成员；
- 函数的局部变量信息；
- 保存upvalue名字的数组。

有了初步的概念，下面展开讨论这几个关键组件。

5.2　数据结构与栈

首先，来看看Lua虚拟机相关的数据结构与栈。

前面提到过，解释器要做的就是模拟计算机的执行，这主要分为以下两大块。

- **CPU**：用于指令的执行。
- **内存**：用于数据的存储。

指令执行的部分前面大体介绍过, 即解释器分析Lua文件之后生成Proto结构体, 最后到luaV_execute函数中依次取出指令来执行。

而"内存"部分, 在Lua解释器中就存放在Lua栈中。Lua中也是把栈的某一个位置称为寄存器, 后面分析到具体指令执行时会谈到。然而需要注意, 这里的"寄存器"并不是CPU中的寄存器, 一定不要混淆了。

每个Lua虚拟机对应一个lua_State结构体, 它使用TValue数组来模拟栈, 其中包括几个与栈相关的成员。

- ❏ stack: 栈数组的起始位置。
- ❏ base: 当前函数栈的基地址。
- ❏ top: 当前栈的下一个可用位置。

这些成员的初始化操作在stack_init函数中完成。

然而lua_State里面存放的是一个Lua虚拟机的全局状态, 当执行到一个函数时, 需要有对应的数据结构来表示函数相关的信息。这个数据结构就是CallInfo, 这个结构体中同样有top、base这两个与栈相关的成员。

无论函数怎么执行, 有多少函数, 最终它们引用到的栈都是当前Lua虚拟机的栈。这好比一个操作系统中的进程无论有多少, 最终引用的内存实际上都还是由操作系统内核来管理的。

那么, lua_State结构体与CallInfo结构体之间是如何对应的呢?

在lua_State中, 有一个base_ci的CallInfo数组, 存储的就是CallInfo的信息。而另一个ci成员, 指向的就是当前函数的CallInfo指针。

在调用函数之前, 一般会调用luaD_precall函数, 它主要完成如下几个操作。

(1) 保存当前虚拟机执行的指令savedpc到当前CallInfo的savedpc中。此处保存下来是为了后面调用完毕之后恢复执行。
(2) 分别计算出待调用函数的base、top值, 这些值的计算依赖于函数的参数数量。
(3) 从lua_State的base_ci数组中分配一个新的CallInfo指针, 存储前面两步计算出来的信息, 切换到这个函数中准备调用。

可以看到, lua_State结构体中的top、base指针是与函数执行相关的变量, 在函数执行前后都会有所变化。

从图5-6和图5-7中可以看到, 两个函数执行期间CallInfo指针分别指向lua_State指针分配的栈数组的不同位置。而随着当前函数的变化, lua_State结构体中的top和base指针的指向也发生了变化, 这两个变量始终指向当前执行函数的对应位置。

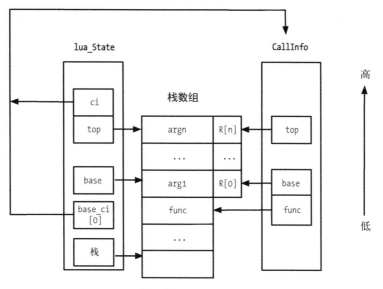

图5-6 执行第一个函数时的栈示意图

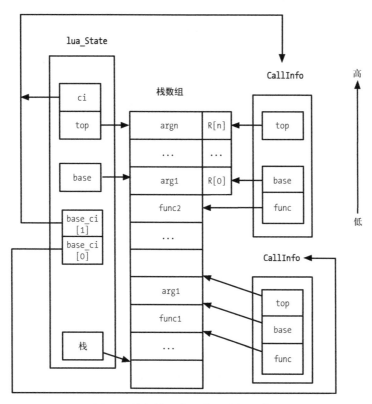

图5-7 执行第二个函数时的栈示意图

需要注意的是，前后调用的函数中Lua栈的大小是有限的，同时CallInfo数组的大小也是有限的。栈的使用和函数的嵌套层次都不能过多，以防这些资源用尽了。这就好比操作系统内核不可能无限制新建进程，也不可能无限制分配内存，资源总是有限的。

5.3   指令的解析

前面解决了栈的分析，即存储方面的分析，下面分析指令是如何生成的。

前面提到过，词法、语法阶段的分析中，最后结果就是输出一个Proto结构体，因此这个结构体才是关键。

首先，需要看分析阶段要用到的数据结构FuncState。这个结构体用于在语法分析时保存解析函数之后相关的信息，根据其中的prev指针成员来串联起来。比如，下面的代码中：

```
-- 最外层FuncState fs1
local function a()  -- 函数a的FuncState fsa
  local function b()  -- 函数b的FuncState fsb
  end
end
```

其实涉及3个FuncState指针，一层一层嵌套包围，其中fs1是fsa的父指针，fsa又是fsb的父指针，它们的关系如图5-8所示。

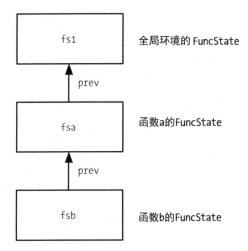

图5-8   父子函数环境中FuncState结构体的关系

而在FuncState结构体中，有一个成员Proto *f，它用来保存这个FuncState解析指令之后生成的指令，其中除了自己的，还包括内部嵌套的子函数的。

所以图5-8加上Proto之后，就如图5-9所示。

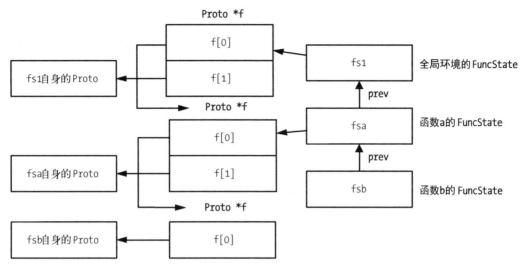

图5-9 父子函数环境中Proto结构体的关系

可以看到，各个层次的Proto数据是逐层包含的，因此最外层的全局FuncState结构体中的Proto数组一定有这个全局结构中所有Proto的信息，也就是解析完毕之后的指令信息。

有了前面的分析，就很好理解luaY_parser这个函数了，它是分析阶段的唯一入口函数，这个函数的返回值就是Proto指针，而FuncState等数据结构仅是用于分析过程中的临时数据结构，它们最终都是为了解析代码生成指令到Proto结构体服务的。

最后，我们来简单看下Proto结构体里到底有哪些数据。作为分析阶段的产物，其主要数据有：

- ❑ 保存常量用的数组；
- ❑ 保存分析之后生成的OpCode数组；
- ❑ 保存局部变量的数组；
- ❑ 保存UpValue的数组。

5.4 指令格式

继续往下讲解指令的执行之前，首先来了解Lua虚拟机的指令格式，如图5-10所示。

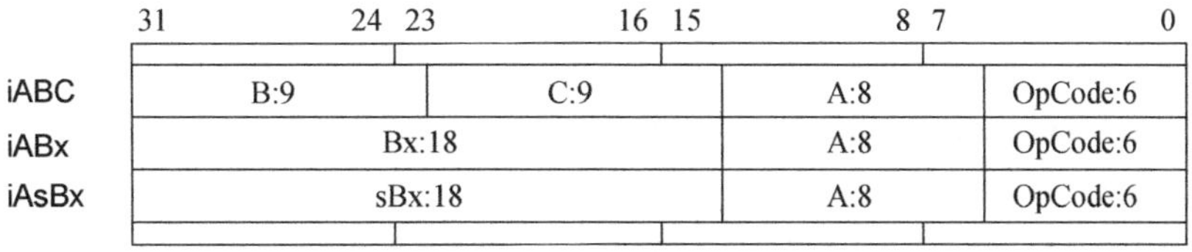

	31 24	23 16	15 8	7 0
iABC	B:9	C:9	A:8	OpCode:6
iABx	Bx:18		A:8	OpCode:6
iAsBx	sBx:18		A:8	OpCode:6

图5-10 指令格式

下面简要解释和分析一下图5-10。

首先看到的是，Lua的指令是32位的，这里由低位到高位进行解释。首先解析最低6位的OpCode，称为操作数，紧跟着就是A、B、C参数。

不同操作数的指令格式不同，含义也不同。由于操作数是6位的，所以Lua最多支持$2^6-1=63$个指令。Lua代码中，将每个操作数及其对应的指令格式都在lopcodes.h中的OpCode枚举类型中定义。这里还不需要深究每个指令具体的格式，留待后续讲解指令执行时再具体分析。表5-1列出了Lua虚拟机的所有指令。

表5-1 Lua虚拟机的所有指令

指　　令	格　　式	说　　明
OP_MOVE	A B R(A) := R(B)	从R(B)中取数据赋值给R(A)
OP_LOADK	A Bx R(A) := Kst(Bx)	从Kst(Bx)常量数组中取数据赋值给R(A)
OP_LOADBOOL	A B C R(A) := (Bool)B; if (C) pc++	取B参数的布尔值赋值给R(A)，如果满足C为真的条件，则将pc指针递增，即执行下一条指令
OP_LOADNIL	A B R(A) := ... := R(B) := nil	从寄存器R(A)到R(B)的数据赋值为nil
OP_GETUPVAL	A B R(A) := UpValue[B]	从UpValue数组中取值赋值给R(A)
OP_GETGLOBAL	A Bx R(A) := Gbl[Kst(Bx)]	以Kst[Bx]作为全局符号表的索引，取出值后赋值给R(A)
OP_GETTABLE	A B C R(A) := R(B)[RK(C)]	以RK(C)作为表索引，以R(B)的数据作为表，取出来的数据赋值给R(A)
OP_SETGLOBAL	A Bx Gbl[Kst(Bx)] := R(A)	将R(A)的值赋值给以Kst[Bx]作为全局符号表的索引的全局变量
OP_SETUPVAL	A B UpValue[B] := R(A)	将R(A)的值赋值给以B作为upvalue数组索引的变量
OP_SETTABLE	A B C R(A)[RK(B)] := RK(C)	将RK(C)的值赋值给R(A)表中索引为R(B)的变量
OP_NEWTABLE	A B C R(A) := {} (size = B,C)	创建一个新的表，并将其赋值给R(A)，其中数组部分的初始大小是B，散列部分的大小是C
OP_SELF	A B C R(A+1) := R(B); R(A) := R(B)[RK(C)]	做好调用成员函数之前的准备，其中待调用模块赋值到R(A+1)中，而待调用的成员函数存放在R(A)中，待调用的模块存放在R(B)中，待调用的函数名存放在RK(C)中
OP_ADD	A B C R(A) := RK(B) + RK(C)	加法操作
OP_SUB	A B C R(A) := RK(B) - RK(C)	减法操作
OP_MUL	A B C R(A) := RK(B) * RK(C)	乘法操作
OP_DIV	A B C R(A) := RK(B) / RK(C)	除法操作
OP_MOD	A B C R(A) := RK(B) % RK(C)	模操作
OP_POW	A B C R(A) := RK(B) ^ RK(C)	乘方操作
OP_UNM	A B R(A) := -R(B)	取负操作
OP_NOT	A B R(A) := not R(B)	非操作

（续）

指　　令	格　　式	说　　明
OP_LEN	A B R(A) := length of R(B)	取长度操作
OP_CONCAT	A B C R(A) := R(B).. ... ..R(C)	连接操作
OP_JMP	sBx pc+=sBx	跳转操作
OP_EQ	A B C if ((RK(B) == RK(C)) ~= A) then pc++	比较相等操作，如果比较RK(B)和RK(C)所得的结果不等于A，那么递增pc指令
OP_LT	A B C if ((RK(B) < RK(C)) ~= A) then pc++	比较小于操作，如果比较RK(B)小于RK(C)所得的结果不等于A，那么递增pc指令
OP_LE	A B C if ((RK(B) <= RK(C)) ~= A) then pc++	比较小于等于操作，如果比较RK(B)小于等于RK(C)所得的结果不等于A，那么递增pc指令
OP_TEST	A C if not (R(A) <=> C) then pc++	测试操作，如果R(A)参数的布尔值不等于C，将pc指针加一，直接跳过下一条指令的执行
OP_TESTSET	A B C if (R(B) <=> C) then R(A) := R(B) else pc++	测试设置操作，与OP_TEST指令类似，所不同的是当比较的参数不相等时，执行一个赋值操作
OP_CALL	A B C R(A), ... ,R(A+C-2) := R(A)(R(A+1), ... ,R(A+B-1))	调用函数指令，其中函数地址存放在R(A)，函数参数数量存放在B中，有两种情况：1）为0表示参数从A+1的位置一直到函数栈的top位置，这表示函数参数中有另外的函数调用，因为在调用时并不知道有多少参数，所以只好告诉虚拟机函数参数一直到函数栈的top位置了；2）大于0时函数参数数量为B-1
OP_TAILCALL	A B C return R(A)(R(A+1), ... ,R(A+B-1))	尾调用操作，R(A)存放函数地址，参数B表示函数参数数量，意义与前面OP_CALL指令的B参数一样，C参数在这里恒为0表示有多个返回值
OP_RETURN	A B return R(A), ... ,R(A+B-2)	返回操作，R(A)表示函数参数的起始地址，B参数用于表示函数参数数量，有两种情况：1）为0表示参数从A+1的位置一直到函数栈的top位置，这表示函数参数中有另外的函数调用，因为在调用时并不知道有多少参数，所以只好告诉虚拟机函数参数一直到函数栈的top位置了；2）大于0时函数参数数量为B-1。参数C表示函数返回值数量，也有两种情况：1）为0时表示有可变数量的值返回；2）为1时表示返回值数量为C-1
OP_FORLOOP	A sBx R(A)+=R(A+2);if R(A) <?= R(A+1) then { pc+=sBx; R(A+3)=R(A) }	数字for的循环操作，根据循环步长来更新循环变量，判断循环条件是否终止，如果没有，就跳转到循环体继续执行下一次循环，否则退出循环。R(A)存放循环变量的初始值，R(A+1)存放循环终止值，R(A+2)存放循环步长值，R(A+3)存放循环变量，sBx参数存放循环体开始指令的偏移量
OP_FORPREP	A sBx R(A)-=R(A+2); pc+=sBx	数字for循环准备操作。R(A)存放循环变量的初始值，R(A+1)存放循环终止值，R(A+2)存放循环步长值，R(A+3)存放循环变量，sBx参数存放紧跟着的OP_FORLOOP指令的偏移量
OP_TFORLOOP	A C R(A+3), ... ,R(A+2+C) := R(A)(R(A+1), R(A+2));if R(A+3) ~= nil then R(A+2)=R(A+3) else pc++	泛型循环操作

5

（续）

指　　令	格　　式	说　　明
OP_SETLIST	A B C R(A)[(C-1)*FPF+i] := R(A+i), 1 <= i <= B	对表的数组部分进行赋值
OP_CLOSE	A close all variables in the stack up to (>=) R(A)	关闭所有在函数栈中位置在R(A)以上的变量
OP_CLOSURE	A Bx R(A) := closure(KPROTO[Bx], R(A), ... ,R(A+n))	创建一个函数对象，其中函数Proto信息存放在Bx中，生成的函数对象存放在R(A)中，这个指令后面可能会跟着MOVE或者GET_UPVAL指令，取决于引用到的外部参数的位置，这些外部参数的数量由n决定
OP_VARARG	A B R(A), R(A+1), ..., R(A+B-1) = vararg	可变参数赋值操作

在这些格式中，有不同的取值方式，举例如表5-2所示。

表5-2　Lua虚拟机指令中不同格式参数的含义

格　　式	说　　明
R(A)	A参数作为寄存器索引，R(B)、R(C)以此类推
pc	程序计数器（program counter），这个数据用于指示当前指令的地址
Kst(n)	常量数组中的第n个数据
Upvalue(n)	upvalue数组中的第n个数据
Gbl[sym]	全局符号表中取名为sym的数据
RK(B)	B可能是寄存器索引，也可能是常量数组索引，RK(C)类似
sBx	有符号整数，用于表示跳转偏移量

在lopcodes.h文件中，不仅定义了每个指令的格式，还定义了与指令相关的宏，比如：

```
(lopcodes.h)
34 /*
35 ** size and position of opcode arguments.
36 */
37 #define SIZE_C     9
38 #define SIZE_B     9
39 #define SIZE_Bx    (SIZE_C + SIZE_B)
40 #define SIZE_A     8
41
42 #define SIZE_OP    6
43
44 #define POS_OP     0
45 #define POS_A      (POS_OP + SIZE_OP)
46 #define POS_C      (POS_A + SIZE_A)
47 #define POS_B      (POS_C + SIZE_C)
48 #define POS_Bx     POS_C
```

这里定义了在一个指令中每个参数对应的大小和位置，读者可以对照前面的图5-10来理解这段代码。

有了这些，指令的参数获取、设置相关的宏就很好理解了，其核心就是根据前面格式中定义的大小对相关参数进行读、写操作：

```
(lopcodes.h)
80 #define GET_OPCODE(i) (cast(OpCode, ((i)>>POS_OP) & MASK1(SIZE_OP,0)))
81 #define SET_OPCODE(i,o) ((i) = (((i)&MASK0(SIZE_OP,POS_OP)) | \
82    ((cast(Instruction, o)<<POS_OP)&MASK1(SIZE_OP,POS_OP))))
83
84 #define GETARG_A(i) (cast(int, ((i)>>POS_A) & MASK1(SIZE_A,0)))
85 #define SETARG_A(i,u) ((i) = (((i)&MASK0(SIZE_A,POS_A)) | \
86    ((cast(Instruction, u)<<POS_A)&MASK1(SIZE_A,POS_A))))
87
88 #define GETARG_B(i) (cast(int, ((i)>>POS_B) & MASK1(SIZE_B,0)))
89 #define SETARG_B(i,b) ((i) = (((i)&MASK0(SIZE_B,POS_B)) | \
90    ((cast(Instruction, b)<<POS_B)&MASK1(SIZE_B,POS_B))))
91
92 #define GETARG_C(i) (cast(int, ((i)>>POS_C) & MASK1(SIZE_C,0)))
93 #define SETARG_C(i,b) ((i) = (((i)&MASK0(SIZE_C,POS_C)) | \
94    ((cast(Instruction, b)<<POS_C)&MASK1(SIZE_C,POS_C))))
95
96 #define GETARG_Bx(i)  (cast(int, ((i)>>POS_Bx) & MASK1(SIZE_Bx,0)))
97 #define SETARG_Bx(i,b)  ((i) = (((i)&MASK0(SIZE_Bx,POS_Bx)) | \
98    ((cast(Instruction, b)<<POS_Bx)&MASK1(SIZE_Bx,POS_Bx))))
99
100 #define GETARG_sBx(i) (GETARG_Bx(i)-MAXARG_sBx)
101 #define SETARG_sBx(i,b) SETARG_Bx((i),cast(unsigned int, (b)+MAXARG_sBx))
102
103
104 #define CREATE_ABC(o,a,b,c) ((cast(Instruction, o)<<POS_OP) \
105       | (cast(Instruction, a)<<POS_A) \
106       | (cast(Instruction, b)<<POS_B) \
107       | (cast(Instruction, c)<<POS_C))
108
109 #define CREATE_ABx(o,a,bc)  ((cast(Instruction, o)<<POS_OP) \
110       | (cast(Instruction, a)<<POS_A) \
111       | (cast(Instruction, bc)<<POS_Bx))
```

可是仅有注释里面写明的每个OpCode的格式还不够，因为这起不到程序上的约束和说明作用，于是使用数组来定义所有OpCode的一些说明信息：

```
(lopcodes.c)
59 #define opmode(t,a,b,c,m) (((t)<<7) | ((a)<<6) | ((b)<<4) | ((c)<<2) | (m))
60
61 const lu_byte luaP_opmodes[NUM_OPCODES] = {
62 /*      T  A    B     C     mode      opcode   */
63   opmode(0, 1, OpArgR, OpArgN, iABC)      /* OP_MOVE */
64   ,opmode(0, 1, OpArgK, OpArgN, iABx)     /* OP_LOADK */
```

这里用一个宏opmode封装了每个OpCode的具体格式，其中：

❑ T：表示这是不是一条逻辑测试相关的指令，这种指令可能会将pc指针自增1。
❑ A：表示这个指令会不会赋值给R(A)。
❑ B/C：B、C参数的格式。
❑ mode：这个OpCode的格式。

B、C参数的格式如表5-3所示。

表5-3　B、C参数的含义

参　　数	含　　义
OpArgN	参数未被使用
OpArgU	已使用参数
OpArgR	表示该参数是寄存器或跳转偏移
OpArgK	表示该参数是常量还是寄存器，K表示常量

OpArgN表示这个参数没有使用，但是这里的意思并不是真的没有使用，只是没有作为R()或者RK()宏的参数使用。

从图5-10中可以看出，Lua共有3种指令格式：iABC、iABx和iAsBx。

Lua代码中提供了根据指令中的值得到相应数据的几个宏：

```
(lvm.c)
343 #define RA(i)   (base+GETARG_A(i))
344 /* to be used after possible stack reallocation */
345 #define RB(i)   check_exp(getBMode(GET_OPCODE(i)) == OpArgR, base+GETARG_B(i))
346 #define RC(i)   check_exp(getCMode(GET_OPCODE(i)) == OpArgR, base+GETARG_C(i))
347 #define RKB(i)  check_exp(getBMode(GET_OPCODE(i)) == OpArgK, \
348     ISK(GETARG_B(i)) ? k+INDEXK(GETARG_B(i)) : base+GETARG_B(i))
349 #define RKC(i)  check_exp(getCMode(GET_OPCODE(i)) == OpArgK, \
350     ISK(GETARG_C(i)) ? k+INDEXK(GETARG_C(i)) : base+GETARG_C(i))
351 #define KBx(i)  check_exp(getBMode(GET_OPCODE(i)) == OpArgK, k+GETARG_Bx(i))
```

RA、RB、RC不必多做解释，前面讲解Lua指令执行时已经说过，其含义就是以参数为偏移量在函数栈中取数据。

RKB、RKC的意思有两层，第一层是这个指令格式只可能作用在OpCode的B、C参数上，不会作用在参数A上；第二层意思是这个数据除了从函数栈中获取之外，还有可能从常量数组（也就是K数组）中获取，关键在于宏ISK的判断：

```
(lopcodes.h)
38  #define SIZE_B      9
118 /* this bit 1 means constant (0 means register) */
119 #define BITRK       (1 << (SIZE_B - 1))
```

```
120
121 /* test whether value is a constant */
122 #define ISK(x)      ((x) & BITRK)
```

结合起来看，这个宏的含义就很简单了：判断这个数据的第八位是不是1，如果是，则认为应该从K数组中获取数据，否则就是从函数栈寄存器中获取数据。后面会结合具体的指令来解释这个格式。

宏KBx也是自解释的，它不会从函数栈中取数据了，直接从K数组（即常量数组）中获取数据。

这可以看到，从寄存器中取指令也就是在前面以R开头的宏中，实际代码中会使用一个base再加上对应的地址，如：

```
(lvm.c)
343 #define RA(i)    (base+GETARG_A(i))
```

取其他参数的宏，如RB和RC等，也和这里的宏RA一样，都是基于base来获取的。不难想象，base值保存的是函数栈基址，这会在下一节中详细解释。

5.5 指令的执行

前面已经分析过栈、指令的生成和指令的格式，这里终于可以看看指令的执行了。

指令执行的入口函数是luaV_execute，它做的工作其实精简起来就是下面的伪代码所示的那样：

```
准备好指令执行的环境
循环取出指令数组中的指令来执行
```

这里的问题在于，第一步"准备执行环境"具体都做了些什么。不妨回忆一下，前面提到过虚拟机主要扮演的是CPU和内存的角色，CPU用来执行指令，内存负责数据的存取读写。因此，虚拟机在执行指令之前的准备工作也差不多：将内部的pc指针指向待执行的代码位置，准备好栈指针。

下面来看具体的代码：

```
(lvm.c)
373 void luaV_execute (lua_State *L, int nexeccalls) {
374   LClosure *cl;
375   StkId base;
376   TValue *k;
377   const Instruction *pc;
378 reentry:  /* entry point */
379   lua_assert(isLua(L->ci));
380   pc = L->savedpc;
381   cl = &clvalue(L->ci->func)->l;
382   base = L->base;
```

```
383   k = cl->p->k;
384   /* main loop of interpreter */
385   for (;;) {
        // 循环执行指令
```

从代码里可以看到，在循环执行指令之前，主要做了几个变量的赋值。

- **pc**：用于保存当前指令的执行位置。
- **cl**：当前所在的函数环境（前面提到过，一个即使没有任何函数的Lua文件也对应一个函数环境）。
- **base**：当前函数环境的栈base地址。
- **k**：当前函数环境的常量数组。

总结来说，上面这几个变量就是这两方面的内容：指令和栈。

先来看指令，pc从当前Lua虚拟机的savedpc得来，这在前面的luaD_precall中可以看到：

```
264 int luaD_precall (lua_State *L, StkId func, int nresults) {

293     L->savedpc = p->code;  /* starting point */
```

可以看到，savedpc在调用之前首先赋值为Proto的code成员，而这个成员就是前面提到的解析完指令之后指令存储的位置。因此，每一次执行Lua虚拟机指令之前，pc都会指向当前函数环境的指令。

栈地址的设置同样也在前面的luaD_precall函数中提到过了，它是函数栈的基地址。由此回到上一节最后提出来的疑问，下面这些宏中：

```
(lvm.c)
343 #define RA(i)   (base+GETARG_A(i))
344 /* to be used after possible stack reallocation */
345 #define RB(i)   check_exp(getBMode(GET_OPCODE(i)) == OpArgR, base+GETARG_B(i))
346 #define RC(i)   check_exp(getCMode(GET_OPCODE(i)) == OpArgR, base+GETARG_C(i))
347 #define RKB(i)  check_exp(getBMode(GET_OPCODE(i)) == OpArgK, \
348     ISK(GETARG_B(i)) ? k+INDEXK(GETARG_B(i)) : base+GETARG_B(i))
349 #define RKC(i)  check_exp(getCMode(GET_OPCODE(i)) == OpArgK, \
350     ISK(GETARG_C(i)) ? k+INDEXK(GETARG_C(i)) : base+GETARG_C(i))
351 #define KBx(i)  check_exp(getBMode(GET_OPCODE(i)) == OpArgK, k+GETARG_Bx(i))
```

其中base参数就是当前函数环境的base地址。以base地址为基础位置，以指令参数作为偏移量，拿到的数据肯定就是当前函数栈中的数据。

所以，以R开头的宏都是根据具体的参数（A、B、C）到当前函数栈中获取数据的手段。

到了这里，我们看到了虚拟机执行的全貌，下面简单小结一下。

❑ 分析阶段最后的结果就是Proto结构体。在这个结构体中，code成员用于存储指令，f数组用于保存里面嵌套的函数的Proto结构体。

❑ 每个环境（再次强调，即使没有任何函数的代码也有对应的环境）都有自己对应的栈，base指向这个栈的基地址，top指向这个栈的栈顶地址。取函数栈内的数据，都是以base基地址为基础地址的操作。

❑ 在虚拟机开始执行指令之前，需要把对应的指令和栈地址切换到所要执行的函数的对应数据上。

5.6 调试工具

在具体分析指令之前，先了解一下我在跟踪指令解析和执行过程中常用的两个手段。

5.6.1 GDB 调试

第一个手段就是自己加断点进行调试。从上面的分析中可以看到，这一部分关键的两个地方是：

❑ 指令的生成；
❑ 指令的执行。

指令的生成，不管生成的是哪一种格式的指令，其最终的入口函数都是luaK_code函数。

而指令的执行前面提到过了，就是luaV_execute函数。

因此，我们只需在调试的时候在这两个函数上添加断点就好了，所有的指令生成和执行都能跟踪调试其整个流程。

我写了一个简单的调用库来加载执行Lua脚本的C代码：

```
#include <stdio.h>
#include <lua.h>
#include <lualib.h>
#include <lauxlib.h>

int main(int argc, char *argv[]) {
  char *file = NULL;

  if (argc == 1) {
    file = "test.lua";
  } else {
    file = argv[1];
  }

  lua_State *L = lua_open();
```

```
luaL_openlibs(L);
luaL_dofile(L, file);

return 0;
}
```

原理很简单，就是根据命令行参数来执行Lua脚本，在执行之前打上前面提到的两个断点即可。当然，如果要调试Lua解释器的代码，需要保证它使用了-g参数加上了调试信息。

比如，下面最简单的Lua代码：

```
local a = 1
```

在luaK_code上加了断点并且执行之后，其栈如下：

```
(gdb) b luaK_code
Breakpoint 1 at 0x41bd2b: file lcode.c, line 798.
(gdb) r my.lua
Starting program: /home/lichuang/source/lua-5.1.4/test/test my.lua

Breakpoint 1, luaK_code (fs=0x7fffffffbe90, i=1, line=1) at lcode.c:798
798    Proto *f = fs->f;
(gdb) bt
#0  luaK_code (fs=0x7fffffffbe90, i=1, line=1) at lcode.c:798
#1  0x000000000041bebb in luaK_codeABx (fs=0x7fffffffbe90, o=OP_LOADK, a=0, bc=0) at lcode.c:823
#2  0x000000000041a9df in discharge2reg (fs=0x7fffffffbe90, e=0x7fffffffbdd0, reg=0) at lcode.c:359
#3  0x000000000041aade in exp2reg (fs=0x7fffffffbe90, e=0x7fffffffbdd0, reg=0) at lcode.c:391
#4  0x000000000041aca7 in luaK_exp2nextreg (fs=0x7fffffffbe90, e=0x7fffffffbdd0) at lcode.c:418
#5  0x000000000040e690 in adjust_assign (ls=0x7fffffffc0f0, nvars=1, nexps=1, e=0x7fffffffbdd0) at
lparser.c:266
#6  0x0000000000410fe8 in localstat (ls=0x7fffffffc0f0) at lparser.c:1193
#7  0x0000000000411402 in statement (ls=0x7fffffffc0f0) at lparser.c:1305
#8  0x000000000041147b in chunk (ls=0x7fffffffc0f0) at lparser.c:1330
#9  0x0000000000040ef74 in luaY_parser (L=0x633010, z=0x7fffffffc3b0, buff=0x7fffffffc358,
name=0x63ae88 "@my.lua") at lparser.c:391
#10 0x0000000000409f7e in f_parser (L=0x633010, ud=0x7fffffffc350) at ldo.c:497
#11 0x00000000004089df in luaD_rawrunprotected (L=0x633010, f=0x409eef <f_parser>, ud=0x7fffffffc350)
at ldo.c:116
#12 0x0000000000409e32 in luaD_pcall (L=0x633010, func=0x409eef <f_parser>, u=0x7fffffffc350,
old_top=32, ef=0) at ldo.c:463
#13 0x000000000040a0cd in luaD_protectedparser (L=0x633010, z=0x7fffffffc3b0, name=0x63ae88 "@my.lua")
at ldo.c:513
#14 0x0000000000406dc7 in lua_load (L=0x633010, reader=0x4195de <getF>, data=0x7fffffffc400,
chunkname=0x63ae88 "@my.lua") at lapi.c:869
#15 0x0000000000419908 in luaL_loadfile (L=0x633010, filename=0x7fffffffe7b1 "my.lua") at
lauxlib.c:581
#16 0x0000000000404286 in main (argc=2, argv=0x7fffffffe548) at test.c:62
(gdb)
```

可以看到，在luaK_code下断点之后，一个指令生成的路径就一目了然了。

5.6.2 使用 ChunkSpy

另一个调试利器是ChunkSpy，其作者也是*A No-Frills Introduction to Lua 5.1 VM Instructions*一书的作者。

ChunkSpy的工作原理是根据luac编译之后的二进制文件格式进行解析。在介绍它的使用方式之前，先来了解一下编译后的二进制文件格式。它分为两个部分：文件头块以及顶层函数块。格式如图5-11所示。

图5-11 二进制文件格式

首先来看文件头部分，它在文件的最开始部分，固定大小为12字节，这一部分存放的是整个文件的一些格式信息，内容如表5-4所示。

表5-4 二进制文件头格式

大 小	说 明
4字节	文件头标记：字符串Lua或者十六进制0x1B4C7561
1字节	版本号，其中高位表示主版本号，低位表示副版本号。对于Lua 5.1而言，用0x51表示
1字节	格式版本
1字节	大小端标记，0表示大端，1表示小端，默认为1
1字节	int类型长度（字节数），默认为4
1字节	size_t长度（字节数），默认为4
1字节	Instruction（指令）类型长度（字节数），默认为4
1字节	lua_Number类型长度（字节），默认为8
1字节	标记位，用于表示Lua中的数字使用浮点类型还是整数类型，0表示使用浮点数，1表示使用整数，默认为0

紧跟着文件头的是顶层函数块，它的格式如表5-5所示。

表5-5　函数块格式

类　型	说　明
String	源文件名
Integer	函数代码的第一行在文件中的行数
Integer	函数代码的最后一行在文件中的行数
1字节	UpValue数量
1字节	函数参数数量
1字节	is_vararg标记位，其中1是VARARG_HASARG，2是VARARG_ISVARARG，4是VARARG_NEEDSARG
1字节	函数栈的大小（寄存器数量）
List	指令（instruction）数组
List	常量（constant）数组
List	内嵌函数原型（function prototype）数组

需要说明的是，所谓的"顶层函数块"（top-level function），指的是该Lua文件本身的全局函数，而这些全局函数内的所有函数信息，都存放在它的内嵌函数原型数组中。

比如下面的Lua代码：

```
function hello()
  function in_hello()
    print("hello")
  end
end

function test()
  print("test")
end
```

该文件中有两个全局函数，hello及test函数，都属于顶层函数块。hello函数内的函数in_hello在解析完毕之后生成的信息将存放到hello的内嵌函数原型数组中。

顶层函数块的第一部分是源文件名，它是字符串类型，格式如表5-6所示。

表5-6　字符串类型格式

数据类型	说　明
size_t	字符串长度
bytes	字符串数据，包括ASCII 0字符

源文件这个域，一般只针对源文件的最外层函数才会有定义。对于内嵌函数，这一部分通常为空字符串。

紧跟着的是两个整型数,用于表示这个函数的函数体定义、起始和结束位置在文件中的行数。

接下来是两个字节,分别用于表示这个函数对应的UpValue和函数参数数量。

然后是几个数组。数组类型的格式都是以一个整数开始,用于记录数组的大小,再接着是数组中的元素,不同类型的数组存放的是不同类型的数据,这里用"[类型]"来表示数组中存放多个该类型的值,比如[Integer]表示数组中存放多个整数。

先来看指令数组,其中元素的格式为[Instruction],其定义如下:

```
(llimits,h)
88 typedef lu_int32 Instruction;
```

这是一个四字节的整数,而所有的指令其实最后都会存在这个数组中。

接着是常量数组,其中每个元素的格式首先使用一个字节来表示元素的类型,其中0表示nil,1表示布尔类型,3表示数值类型,4表示字符串类型,而紧跟的数据也根据不同的类型有所区别。

使用ChunkSpy的好处是,它能迅速地根据Lua编译之后的二进制文件反编译出以下信息。

❏ 函数信息:包括指令、局部变量、常量等。
❏ 多层函数的嵌套关系。

例如,上一节提到的Lua代码使用ChunkSpy反编译之后,看到的就是:

```
>local a=1
; source chunk: (interactive mode)
; x86 standard (32-bit, little endian, doubles)

; function [0] definition (level 1)
; 0 upvalues, 0 params, 2 stacks
.function  0 0 2 2
.local  "a"  ; 0
.const  1  ; 0
[1] loadk     0   0          ; 1
[2] return    0   1
; end of function
```

下面简单介绍一下它的输出格式。

❏ 以;(分号)开头的,可以认为是介绍性的信息或者说是注释。
❏ 以.(点)开头的,比如上面的.function、.local、.const是不同类型数据的定义,但是这里并不是真正的OpCode,它只是写出来让读者明白这里有哪些类型的数据定义。
❏ 以[数字]开头的,就是真正的OpCode,对应FuncState中code中的一条指令,其中的数字就是code数组中的索引,具体的格式与每个OpCode相关,在每条指令后面可能会带一些以;开头的注释。

大体了解了格式后，再来看看具体的用法。

首先，需要使用luac编译生成二进制文件：

```
luac test.lua
```

默认情况下，上面指令执行之后的结果是生成一个叫luac.out的文件。这就是Lua脚本文件编译之后的二进制文件，然后再使用ChunkSpy脚本进行反编译：

```
lua ChunkSpy.lua  luac.out  test.lua --brief
```

其中test.lua是原始的脚本文件，加上brief参数是为了生成的内容更精简一些。

需要说明的是，ChunkSpy在2006年之后就不怎么更新，对现在的64位系统支持的可能不够好。

如果在执行的时候，发现提示如下的报错：

```
ChunkSpy.lua:1120: mismatch in size_t size (needs 4 but read 8)
```

那么，可以尝试把代码中两个定义size_size_t的地方由4改为8。

第 6 章
指令的解析与执行

通过上一章的学习，我们大概了解了Lua虚拟机的执行流程，本章将具体分析文件如何被解析、生成对应指令以及到虚拟机执行的流程。在分析具体指令时，我们将指令划分为不同的类别。

6.1 Lua 词法

学过编译原理的人都知道，对一门语言进行解析一般是两遍遍历的过程，如图6-1所示。

图6-1 两遍遍历扫描代码文件的流程

第一遍解析源代码并生成AST（Abstract Syntax Tree，抽象语法树），第二遍再将AST翻译为对应的字节码。可以看到，AST仅是分析过程中的中间产物，在实际输出中是不需要的。

Lua使用一遍扫描（one pass parse）代码文件的方式生成字节码，即在第一遍扫描代码的时候同时就生成字节码了，这么做主要是为了加快解释执行的速度，但是速度快的背后却是这一部分代码比较难以理解。

Lua使用的是递归下降法（recursive descent method）进行解析，这个分析方式针对文法中的每一个非终结符（non-terminal symbol），建立一个子程序模拟语法树向下推导，在推导过程中遇到终结符（terminal symbol）则检查是否匹配，遇到非终结符则调用对应的相关子程序进行处理。

这部分理论在任何一本编译原理的书中都有阐述，这里不会详细解释，仅仅结合Lua本身做一些说明。以Lua的EBNF语法为例，小写字母表示非终结符，大写字母表示终结符，比如do表达式的语法如下：

```
dostat -> DO block END
```

这个语法表达的含义如下。

❑ 针对do表达式的处理会进入函数dostat中。
❑ 这个表达式由3种符号组成，首先处理终结符DO，它对应Lua中的关键字do，紧接着是一个语法块（block），这是一个非终结符，对应的处理函数是block，最后处理终结符END，对应Lua中的关键字end。在分析过程中，分析器会检查当前处理的终结符是不是满足语法的要求，比如在处理完block之后，会判断紧跟着的是不是end关键字，不是则报错。

Lua完整的EBNF词法如下，基本上是按照lparser.c中的函数对照来整理的，读者可以不必在前期完全理解这些内容，后面会按照不同的指令来分析，到时候需要对照着这部分EBNF理解：

```
chunk -> { stat [`;'] }

stat -> ifstat | whilestat | dostat | forstat | repeatstat | funcstat | localstat | retstat | breakstat
| exprstat

ifstat -> IF cond THEN block {ELSEIF cond THEN block} [ELSE block] END

whilestat -> WHILE cond DO block END

dostat -> DO block END

forstat -> FOR {fornum | forlist} END

repeatstat -> REPEAT block UNTIL cond

funcstat -> FUNCTION funcname body

localstat -> LOCAL function NAME body | LOCAL NAME {`,' NAME} [`=' explist1]

retstat -> RETURN [explist1]

breakstat -> BREAK

exprstat -> primaryexp

block -> chunk

cond -> exp

fornum -> NAME = exp1,exp1[,exp1] forbody

forlist -> NAME {,NAME} IN explist1 forbody

forbody -> DO block
```

```
funcname -> NAME {field} [`:' NAME]

body -> `(' parlist `)' chunk END

primaryexp -> prefixexp {`.' NAME | `[' exp `]' | `:' NAME funcargs | funcargs }

prefixexp -> NAME | `(' exp `)'

funcargs -> `(' explist1 `)' | constructor | STRING

exp -> subexpr

subexpr -> (simpleexp | unop subexpr) {binop subexpr}

simpleexp -> NUMBER | STRING | NIL | true | false | ... | constructor | FUNCTION body | primaryexp

explist1 -> expr {`,' expr}

constructor -> `{' [ fieldlist ] `}'

fieldlist -> field { fieldsep field } [ fieldsep ]

field -> '[' exp ']' '=' exp | name '=' exp | exp

fieldsep -> ',' | ';'
```

在上面的EBNF词法中，需要注意以下几点。

- []中括号包住的部分表示可选，比如在一个if表达式ifstat中，else部分不是必须存在的。
- {}大括号包住的部分，表示会有0次或多次出现，比如一个返回表达式retstat中，return关键字后面的表达式列表就是这样的。
- 大写字母表示一个终结符。所谓终结符，就是不能继续用子表达式表示它的符号，如上面的STRING表示字符串，NUMBER表示数字，等等。

这里的很多表达式一看就懂，但是需要特别说明的是chunk。在Lua中，chunk表示一个执行单元，这么说太过抽象，可以简单理解为一串语句段，每个语句段可以使用；（分号）分隔。比如，图6-2所示的代码列举了这个关系。

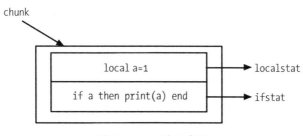

图6-2　chunk块示意图

"执行单元"既可以是一个Lua文件，也可以是一个函数体，这是body表达式的EBNF中也出现chunk的原因。

Lua把chunk当作拥有不定参数的匿名函数来处理。正因为这样，chunk内可以定义局部变量，接收参数，并且返回值。

6.2   赋值类指令

下面先从赋值类指令讲起。先从最简单的表达式开始，然后逐渐变化来分析各种赋值类指令的行为。

6.2.1   局部变量

先来讨论最简单的局部变量赋值，对应的代码如下：

```
local a = 10
```

回到前面提过的EBNF词法，来看看解析这一句代码时Lua解释器都走过了哪些函数。这里仅截取与这行代码相关的部分：

```
chunk -> { stat [`;'] }
stat -> localstat
localstat -> LOCAL NAME {`,' NAME} [`=' explist1]
explist1 -> expr {`,' expr}
exp -> subexpr
subexpr -> simpleexp
simpleexp -> NUMBER
```

这里涉及以下几个问题。

❑ =号左边是一个变量，只有变量才能赋值，于是涉及如下问题：如何存储局部变量，如何查找变量，怎么确定一个变量是局部变量、全局变量还是UpValue？

❑ =号右边是一个表达式列表explist1，在这个最简单的例子中，这个表达式是常量数字10。这种情况很简单，但是如果不是一个立即能得到的值，比如是一个函数调用的返回值，或者是对这个block之外的其他变量的引用，又怎么处理呢？

先来解决第一个问题，即如何识别局部变量。

首先在函数localstat中，会有一个循环调用函数new_localvar，将=左边的所有以，（逗号）分隔的变量都生成一个相应的局部变量。

存储每个局部变量的信息时，我们使用的是LocVar结构体：

(lobject.h)

```
262 typedef struct LocVar {
263   TString *varname;
264   int startpc;  /* first point where variable is active */
265   int endpc;    /* first point where variable is dead */
266 } LocVar;
```

其中变量名放在LocVar结构体的变量varname中。函数的所有局部变量的LocVar信息，一般存放在Proto结构体的locvars中。

变量是存放在Lua栈中的，那么解释器又是如何知道这个变量存放在栈中的什么位置呢？在结构体FuncState中，成员变量freereg存放的就是当前函数栈的下一个可用位置。在每个chunk函数中，都会根据当前函数栈存放的变量数量（包括函数的局部变量、函数的参数等）进行调整：

```
(lparser.c)
1325 static void chunk (LexState *ls) {
1326   /* chunk -> { stat [`;'] } */

1329   while (!islast && !block_follow(ls->t.token)) {

1334     ls->fs->freereg = ls->fs->nactvar;  /* free registers */
1335   }

1337 }
```

那么，nactvar这个变量又是何时调整的呢？在这个例子中，变量a是一个局部变量，最后会在解析局部变量的函数adjustlocalvars中进行调整：

```
(lparser.c)
167 static void adjustlocalvars (LexState *ls, int nvars) {
168   FuncState *fs = ls->fs;
169   fs->nactvar = cast_byte(fs->nactvar + nvars);
170   for (; nvars; nvars--) {
171     getlocvar(fs, fs->nactvar - nvars).startpc = fs->pc;
172   }
173 }
```

至此，第一个问题得到了解决：在函数localstat中，会读取=号左边的所有变量，并在Proto结构体中创建相应的局部变量信息；而变量在Lua函数栈中的存储位置存放在freereg变量中，它会根据当前函数栈中变量的数量进行调整。

再来看第二个问题：表达式的结果如何存储？

解析表达式的结果会存储在一个临时数据结构expdesc中：

```
(lparser.h)
37 typedef struct expdesc {
38   expkind k;
39   union {
40     struct { int info, aux; } s;
41     lua_Number nval;
```

```
42    } u;
43    int t;   /* patch list of `exit when true' */
44    int f;   /* patch list of `exit when false' */
45  } expdesc;
```

下面简要介绍各项的含义。

- ❑ 变量k表示具体的类型。
- ❑ 后面紧跟的union u根据不同的类型存储的数据有所区分，具体可以看expkind类型定义后面的注释。
- ❑ 至于t和f这两个变量，目前可以暂时不管，6.6节讲解跳转相关的指令时自然会涉及。

了解了数据结构expdesc，现在回到解析表达式列表的函数explist1中，它主要的工作有以下几个。

- ❑ 调用函数expr解析表达式。
- ❑ 当解析的表达式列表中还存在其他表达式时，即有逗号（,）分隔的式子时，针对每个表达式继续调用expr函数解析表达式，将结果缓存在expdesc结构体中，然后调用函数luaK_exp2nextreg将表达式存入当前函数的下一个可用寄存器中。

下面我们来看看针对这里的例子，上面的步骤都是如何进行的。

在我们的例子中，=右边的式子是数字10，根据调用路径，它最终会走入函数simpleexp中：

```
(lparser.c)
727 static void simpleexp (LexState *ls, expdesc *v) {
728   /* simpleexp -> NUMBER | STRING | NIL | true | false | ... |
729                   constructor | FUNCTION body | primaryexp */
730   switch (ls->t.token) {
731     case TK_NUMBER: {
732       init_exp(v, VKNUM, 0);
733       v->u.nval = ls->t.seminfo.r;
734       break;
735     }
```

这里做的就是下面这两项工作。

- ❑ 使用类型VKNUM初始化expdesc结构体，这个类型表示数字常量。
- ❑ 将具体的数据（也就是这里的10）赋值给expdesc结构体中的nval。前面提过，expdesc结构体中union u的数据根据不同的类型会存储不同的信息，在VKNUM这个类型下就是用来存储数字的。

好了，现在这个表达式的信息已经存放在expdesc结构体中，需要进一步根据这个结构体的信息来生成对应的字节码。

这个工作由函数luaK_exp2nextreg完成，这是一个非常重要的函数，原因在于需要根据

expdesc结构体生成字节码时，都要经过它。它做了如下几个工作。

- 调用luaK_dischargevars函数，根据变量所在的不同作用域（local，global，upvalue）来决定这个变量是否需要重定向。
- 调用luaK_reserveregs函数，分配可用的函数寄存器空间，得到这个空间对应的寄存器索引。有了空间，才能存储变量。
- 调用exp2reg函数，真正完成把表达式的数据放入寄存器空间的工作。在这个函数中，最终又会调用discharge2reg函数，这个函数式根据不同的表达式类型（NIL，布尔表达式，数字等）来生成存取表达式的值到寄存器的字节码。

回到这个例子中，这里的表达式是数字10，于是在函数discharge2reg中最终会走到这里：

```
(lcode.c)
343 static void discharge2reg (FuncState *fs, expdesc *e, int reg) {

358     case VKNUM: {
359       luaK_codeABx(fs, OP_LOADK, reg, luaK_numberK(fs, e->u.nval));
360       break;
361     }
```

在这个函数的参数中，reg参数就是前面得到的寄存器索引，于是最后生成了LOADK指令，将数字10加载到reg参数对应的寄存器中。

至此，通过对这个最简单的向局部变量赋值操作的分析，完成了Lua解释器从词法分析到生成字节码的全过程分析，下面来做一个简单的小结。

- 所有局部变量都有一个对应的LocVar结构体存储它的变量名信息。
- 每个局部变量都会对应分配一个函数栈的位置来保存它的数据。
- 解析表达式的结果会存在expdesc结构体中。根据不同的类型，内部使用的联合体存放的数据有不同的意义。
- luaK_exp2nextreg是一个非常重要的函数，它用于将expdesc结构体的信息中存储的表达式信息转换为对应的opcode。

前面提过，还会有查找变量的过程，但是这里并没有出现，因为在这个例子中，赋值操作最后转换为加载数据到寄存器。在后面涉及变量间的赋值时，我们再做这部分的解说。

再把上面的例子扩充一下，如果变成下面这样，会有哪些不同：

```
local a,b = 10
```

区别在于，=左右两边的表达式数量并不相等。这需要回头看看前面的localstat函数，其中这个函数最后的两行代码如下：

```
(lparser.c)
1179 static void localstat (LexState *ls) {
     ......
1193   adjust_assign(ls, nvars, nexps, &e);
1194   adjustlocalvars(ls, nvars);
1195 }
```

第一个函数adjust_assign用于根据等号两边变量和表达式的数量来调整赋值。具体来说，在上面这个例子中，当变量数量多于等号右边的表达式数量时，会将多余的变量置为NIL。

第二个函数adjustlocalvars会根据变量的数量调整FuncState结构体中记录局部变量数量的nactvar对象，并记录这些局部变量的startpc值。

再对前面的例子做修改，这次变成了局部变量之间的赋值：

```
local a = 10
local b = a
```

ChunkSpy反编译的指令如下：

```
; function [0] definition (level 1)
; 0 upvalues, 0 params, 2 stacks
.function  0 0 2 2
.local  "a"  ; 0
.local  "b"  ; 1
.const  10  ; 0
; (1)  local a = 10
[1] loadk     0   0         ; 10
; (2)  local b = a
[2] move      1   0
[3] return    0   1
```

这里生成了两个指令，loadk指令前面已经解释过了，move指令是这里需要补充讲解的部分，这涉及第(2)条语句。第(2)句的前半部分跟前面一样，只是等号右边的表达式是一个局部变量a。

这行代码走过的路径如下：

```
chunk -> { stat [`;'] }
stat -> localstat
localstat -> LOCAL NAME {`,' NAME} [`=' explist1]
explist1 -> expr {`,' expr}
exp -> subexpr
subexpr -> simpleexp
simpleexp -> primaryexp
primaryexp -> prefixexp
prefixexp -> NAME
```

主要区别在于走到simpleexp函数时，进入的是另一条路径，走入了primaryexp函数中。然后在prefixexp函数中，判断这是一个变量时，会调用singlevar函数（实际上，最后会调用递归函数singlevaraux）来进行变量的查找，这个函数的大体流程如下。

(1) 如果变量在当前函数的LocVar结构体数组中找到，那么这个变量就是局部变量，类型为 VLOCAL。

(2) 如果在当前函数中找不到，就逐层往上面的block来查找，如果在某一层查到了，那么这个变量就是UpValue，类型为VUPVAL。

(3) 如果最后那层都没有查到，那么这个变量就是全局变量，类型为VGLOBAL。

在我们的例子中，等号左边的表达式是变量a，这是一个局部变量。

上面完成了前面关于查找变量的过程说明，下面来分析与前面相比，将表达式赋值到寄存器有哪些不同，也就是前面提过的luaK_exp2nextreg为入口的整个流程。

在luaK_dischargevars函数中，根据这3种不同的数据类型，有不同的操作：

```
(lcode.c)
304 void luaK_dischargevars (FuncState *fs, expdesc *e) {
305   switch (e->k) {
306     case VLOCAL: {
307       e->k = VNONRELOC;
308       break;
309     }
```

如果一个变量是VLOCAL，说明前面已经看到过这个变量了，比如这里的局部变量a，它在第一行代码中已经出现了，那么它既不需要重定向，也不需要额外的语句把这个值加载进来的。因为前面已经提过，所有局部变量都会在函数栈中有一个对应的位置，所以把它的类型修改为VNONRELOC。

接着看一下函数discharge2reg：

```
(lcode.c)
343 static void discharge2reg (FuncState *fs, expdesc *e, int reg) {

367     case VNONRELOC: {
368       if (reg != e->u.s.info)
369         luaK_codeABC(fs, OP_MOVE, reg, e->u.s.info, 0);
370       break;
371     }
```

如果一个表达式类型是VNONRELOC，也就是不需要重定位，那么直接生成MOVE指令来完成变量的赋值。

可见，如果赋值的源数据（就是第二行代码中的变量a）是局部变量，则使用MOVE指令来完成赋值。如图6-3所示，假设变量a在函数栈的0位置，变量b在函数栈的1位置，因为变量a、b在同一个函数栈中，所以使用指令move 1 0完成将a赋值给b的操作。

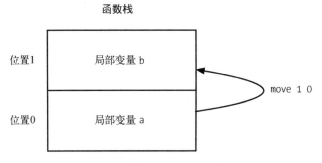

图6-3   局部变量赋值示意图

那么，如果源数据不是局部变量，又会如何，接着往下看。

6.2.2   全局变量

上面提到了重定向的概念，那么什么是重定向，以及为什么要重定向呢？先把前面的例子改一下：

```
a = 10
local b = a
```

此时，变量a就不是局部变量，而是全局变量了，那么对应的luaK_dischargevars函数就是这样的：

```
(lcode.c)
304 void luaK_dischargevars (FuncState *fs, expdesc *e) {
305   switch (e->k) {

315     case VGLOBAL: {
316       e->u.s.info = luaK_codeABx(fs, OP_GETGLOBAL, 0, e->u.s.info);
317       e->k = VRELOCABLE;
318       break;
319     }
```

与前面VLOCAL类型不同的是：

❑ 首先生成了OP_GETGLOBAL指令，用于获取全局变量的值到当前函数的寄存器中；
❑ 将类型修改为VRELOCABLE（即类型为重定向），注意在上面的代码中，OP_GETGLOBAL指令的A参数目前为0，因为这个参数保存的是获取这个全局变量之后需要存放到的寄存器地址，而此时并不知道。

对应的OPCODE为OP_GETGLOBAL，其作用是将一个全局变量赋值到函数栈中：

```
OP_GETGLOBAL,/* A Bx   R(A) := Gbl[Kst(Bx)]        */
```

相关参数的说明如表6-1所示。

表6-1 OP_GETGLOBAL指令的参数及其说明

参　　数	说　　明
参数A	全局变量存入到在函数栈中的地址
参数B	全局变量索引
参数C	无用

之所以需要重定向，是因为当生成这个OP_GETGLOBAL指令时，并不知道当前可用的寄存器地址是什么，即并不知道这个全局变量最后将加载到栈的哪个位置，也就是OP_GETGLOBAL指令中的参数A在生成OP_GETGLOBAL指令时还是未知的，需要到后面的discharge2reg函数中才知道，因为这里寄存器地址作为这个函数的reg参数传入了：

```
(lcode.c)
343 static void discharge2reg (FuncState *fs, expdesc *e, int reg) {

345   switch (e->k) {

362     case VRELOCABLE: {
363       Instruction *pc = &getcode(fs, e);
364       SETARG_A(*pc, reg);
365       break;
366     }
```

当一个变量类型是重定向时，根据reg参数来写入这个指令的参数A。在上面的代码中，就是根据传入的reg参数，也就是获取到全局变量之后存放的寄存器地址，来重新回填到OP_GETGLOBAL指令的A参数中。

从局部变量和全局变量的获取来看，如果针对的是全局变量，那么会比局部变量额外多一条GETGLOBAL指令，用于将这个全局变量加载到当前函数栈中。图6-4演示了全局变量的赋值过程。

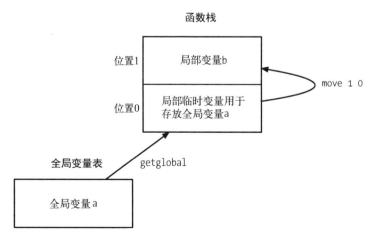

图6-4 全局变量赋值示意图

因此，一个经常使用的全局变量，可以优化为首先加载到一个局部变量中，再针对这个局部变量进行使用。

比如，下面的代码循环引用了math模块的sin函数，对比一下两种效果（代码引用自 *Lua Programming Gems* 一书的第2章 "Lua Performance Tips"）。

使用全局变量的版本：

```
a = os.clock()
for i = 1,10000000 do
  local x = math.sin(i)
end
b = os.clock()
print(b-a)
```

使用局部变量的版本：

```
a = os.clock()
local sin = math.sin
for i = 1,10000000 do
  local x = sin(i)
end
b = os.clock()
print(b-a)
```

经测试，将这个全局函数首先加载到局部变量中再使用的版本，时间性能比直接使用全局变量的版本提升了30%。

至此，我们已经介绍完局部变量和全局变量的赋值过程。就变量的作用范围来看，还有一种类型UpValue，这部分留待6.4节讲解函数的运行机制时再做分析。

6.3   表相关的操作指令

前面提过，Lua表分为两个部分——数组部分和散列部分。为了更简单地阐述问题，这里分几部分来分别讲解Lua表的创建流程。

6.3.1   创建表

首先，创建一个空表，对应的测试代码是：

```
local p = {}
```

对应的OPCODE是OP_NEWTABLE，用于创建一个表，将结果存入寄存器：

```
OP_NEWTABLE,/*  A B C R(A) := {} (size = B,C)        */
```

相关参数的说明如表6-2所示。

表6-2 OP_NEWTABLE指令的参数及其说明

参　数	说　明
参数A	创建好的表存入寄存器的索引
参数B	表的数组部分大小
参数C	表的s散列部分大小

使用ChunkSpy反编译出来的指令是：

```
; function [0] definition (level 1)
; 0 upvalues, 0 params, 2 stacks
.function  0 0 2 2
.local  "p"  ; 0
; (1)  local p = {}
[1] newtable   0   0   0    ; array=0, hash=0
[2] return     0   1
; end of function
```

回到前面提过的EBNF词法，来解析这一句代码，看看Lua解释器都走过了哪些函数。这里仅截取与这行代码相关的部分：

```
chunk -> { stat [`;'] }
stat -> localstat
localstat -> LOCAL NAME {`,' NAME} [`=' explist1]
explist1 -> expr {`,' expr}
exp -> subexpr
subexpr -> simpleexp
simpleexp -> constructor
constructor -> `{' [ fieldlist ]  `}'
```

可以看到，与前面的区别在于最后的simpleexp最终调用的是constructor函数，这个函数就是专门负责构造表的。

前面讲到解析表达式时，会谈到数据结构expdesc，用于存储解析后的表达式的信息。而在解析表的信息时，会存放在ConsControl结构体中，它包括如下几个字段。

☐ **expdesc v**：存储表构造过程中最后一个表达式的信息。

☐ **expdesc -t**：构造表相关的表达式信息，与上一个字段的区别在于这里使用的是指针，因为这个字段是由外部传入的。

☐ **int nh**：初始化表时，散列部分数据的数量。

☐ **int na**：初始化表时，数组部分数据的数量。

☐ **int tostore**：Lua解析器中定义了一个叫LFIELDS_PER_FLUSH的常量，当前的值是50，这个值的意义在于，当前构造表时内部的数组部分的数据如果超过这个值，就首先调用一次OP_SETLIST函数写入寄存器中。后面讲到数组部分的初始化时，再展开讨论这个策略。

接下来进入这里的核心——constructor函数，以这里最简单的情况来看，裁剪之后的代码
是：

```
(lparser.c)
498 static void constructor (LexState *ls, expdesc *t) {

502    int pc = luaK_codeABC(fs, OP_NEWTABLE, 0, 0, 0);
503    struct ConsControl cc;
504    cc.na = cc.nh = cc.tostore = 0;
505    cc.t = t;
506    init_exp(t, VRELOCABLE, pc);
507    init_exp(&cc.v, VVOID, 0);  /* no value (yet) */
508    luaK_exp2nextreg(ls->fs, t);  /* fix it at stack top (for gc) */

535    SETARG_B(fs->f->code[pc], luaO_int2fb(cc.na)); /* set initial array size */
536    SETARG_C(fs->f->code[pc], luaO_int2fb(cc.nh));  /* set initial table size */
537 }
```

可以看到，在这个最简单的情况下，主要做了如下几个工作。

- **第502行**：生成一条OP_NEWTABLE指令。注意，在前面关于这个指令的说明中，这条指令创建的表最终会根据指令中的参数A存储的寄存器地址，赋值给本函数栈内的寄存器，所以很显然这条指令是需要重定向的，于是第506行的代码就不难理解了。
- **第503~507行**：初始化前面提过的ConsControl结构体，这比较好理解。需要说明的是第507行，此时将ConsControl结构体中的对象v初始化为VVOID。前面提到过这个数据存储的是表构造过程中最后一个表达式的信息，因为这里还没有解析到表构造中的信息，所以这个表达式的类型为VVOID。
- **第508行**：调用前面提到的解析表达式到寄存器的函数luaK_exp2nextreg，将寄存器地址修正为前面创建的OP_NEWTABLE指令的参数A。
- **第535~536行**：将ConsControl结构体中存放的散列和数组部分的大小，写入前面生成的OP_NEWTABLE指令的B和C部分。

上面创建了一个简单的空表，下面在此基础上做一些修改，添加上数组部分：

```
local p = {1,2}
```

ChunkSpy看到的指令变成了这样：

```
; function [0] definition (level 1)
; 0 upvalues, 0 params, 3 stacks
.function  0 0 2 3
.local  "p"  ; 0
.const  1  ; 0
.const  2  ; 1
; (1)  local p = {1,2}
[1] newtable   0   2   0    ; array=2, hash=0
[2] loadk      1   0        ; 1
```

```
[3] loadk     2    1        ; 2
[4] setlist   0    2    1   ; index 1 to 2
[5] return    0    1
; end of function
```

可以看到，与前面相比，在newtable指令之后，还跟着两条loadk指令和一条setlist指令。可以想象到，loadk指令用于把表构造表达式中的常量1和2加载到函数栈中，而紧跟着的setlist指令则使用这两个常量初始化表的数组部分。

setlist指令的格式如下，对应的OPCODE为OP_SETLIST，用于以一个基地址和数量来将数据写入表的数组部分：

```
OP_SETLIST,/* A B C R(A)[(C-1)*FPF+i] := R(A+i), 1 <= i <= B */
```

相关参数的说明如表6-3所示。

表6-3 OP_SETLIST指令的参数及其说明

参　　数	说　　明
参数A	OP_NEWTABLE指令中创建好的表所在的寄存器，它后面紧跟着待写入的数据
参数B	待写入数据的数量
参数C	FPF（也就是前面提到的LFIELDS_PER_FLUSH常量）索引，即每次写入最多的是LFIELDS_PER_FLUSH

下面将前面constructor函数省略的涉及散列、数组部分解析构造的内容列出来：

```
498 static void constructor (LexState *ls, expdesc *t) {

510   do {
511     lua_assert(cc.v.k == VVOID || cc.tostore > 0);
512     if (ls->t.token == '}') break;
513     closelistfield(fs, &cc);
514     switch(ls->t.token) {
515       case TK_NAME: {  /* may be listfields or recfields */
516         luaX_lookahead(ls);
517         if (ls->lookahead.token != '=')  /* expression? */
518           listfield(ls, &cc);
519         else
520           recfield(ls, &cc);
521         break;
522       }
523       case '[': {  /* constructor_item -> recfield */
524         recfield(ls, &cc);
525         break;
526       }
527       default: {  /* constructor_part -> listfield */
528         listfield(ls, &cc);
529         break;
530       }
531     }
```

532   } while (testnext(ls, ',') || testnext(ls, ';'));

537 }

可以看到,这里的流程大体如下。

(1) 当没有解析到符号}时,有一个解析表达式的循环会一直执行。

(2) 第513行:调用closelistfield函数生成上一个表达式的相关指令。容易想到,这肯定会调用luaK_exp2nextreg函数。注意上面提到过,最开始初始化ConsControl表达式时,其成员变量v的表达式类型是VVOID,因此这种情况下进入这个函数并不会有什么效果,这就把循环和前面的初始化语句衔接在了一起。

(3) 第514~531行:针对具体的类型来做解析,主要有如下几种类型。

　　❑ 如果解析到一个变量,那么看紧跟着这个符号的是不是=,如果不是,就是一个数组方式的赋值,否则就是散列方式的赋值。

　　❑ 如果看到的是[符号,就认为这是一个散列部分的构造。

　　❑ 否则就是数组部分的构造了。如果是数组部分的构造,那么进入的是listfield函数,否则就是recfield函数了。

就我们的例子而言,这里还是数组部分的构造,于是接下来看看listfield函数,它主要做了如下工作。

　　❑ 调用expr函数解析这个表达式,得到对应的ConsControl结构体中成员v的数据。前面提过,这个对象会暂存表构造过程中当前表达式的结果。

　　❑ 检查当前表中数组部分的数据梳理是否超过限制了。

　　❑ 依次将ConsControl结构体中的成员na和tostore加1。

每解析完一个表达式,第513行会调用closelistfield。从这个函数的命名可以看出,它做的工作是针对数组部分的。

　　❑ 调用luaK_exp2nextreg将前面得到的ConsControl结构体中成员v的信息存入寄存器中。

　　❑ 如果此时tostore成员的值等于LFIELDS_PER_FLUSH,那么生成一个OP_SETLIST指令,用于将当前寄存器上的数据写入表的数组部分。需要注意的是,这个地方存取的数据在栈上的位置是紧跟着OP_NEWTABLE指令中的参数A在栈上的位置,而从前面对OP_NEWTABLE指令格式的解释可以知道,OP_NEWTABLE指令的参数A存放的是新创建的表在栈上的位置,这样的话使用一个参数既可以得到表的地址,又可以知道待存入的数据是哪些。之所以需要限制每次调用OP_SETLIST指令中的数据量不超过LFIELDS_PER_FLUSH,是因为如果不做这个限制,会导致数组部分数据过多时,占用过多的寄存器,而Lua栈对寄存器数量是有限制的。

读者可以自己尝试一下如何使用一个非常多数据的数组来初始化表。

接下来，我们看看如果是散列表部分，那是如何做的。将前面的Lua代码修改为：

```
local p = {["a"]=1}
```

ChunkSpy看到的指令变成了这样：

```
; function [0] definition (level 1)
; 0 upvalues, 0 params, 2 stacks
.function  0 0 2 2
.local  "p"  ; 0
.const  "a"  ; 0
.const  1  ; 1
; (1)  local p = {["a"]=1}
[1] newtable   0   0   1   ; array=0, hash=1
[2] settable   0   256 257 ; "a" 1
[3] return     0   1
; end of function
```

可以看到，紧跟着newtable的是settable，这个指令用来完成散列部分的初始化，其格式如下：

```
OP_SETTABLE,/*  A B C R(A)[RK(B)] := RK(C)        */
```

其中对应的OPCODE为OP_SETTABLE，其作用是向一个表的散列部分赋值。其中各个参数的说明如表6-4所示。

表6-4 OP_SETTABLE指令的参数及其说明

参　　数	说　　明
参数A	表所在的寄存器
参数B	key存放的位置，注意其格式是RK，也就是说这个值可能来自寄存器，也可能来自常量数组
参数C	value存放的位置，注意其格式是RK，也就是说这个值可能来自寄存器，也可能来自常量数组

这里提到的RK格式，在前面分析Lua虚拟机指令格式的部分有阐述，会根据不同的数据来决定这个值来源于函数栈还是常量数组。

在前面的分析中，初始化散列部分的代码会走入recfield函数中。但是需要注意散列的初始化，分为两种情况：

❑ key是一个常量。
❑ key是一个变量，需要首先去获取这个变量的值。

上面给出的例子是第一种情况，这种情况比较简单，分为以下几个步骤。

(1) 得到key常量在常量数组中的索引，根据这个值调用luaK_exp2RK函数生成RK值。
(2) 得到value表达式的索引，根据这个值调用luaK_exp2RK函数生成RK值。
(3) 将前两步的值以及表在寄存器中的索引，写入OP_SETTABLE的参数中。

可以看到，主要的步骤就是查找表达式，这一步在前面的赋值部分已经解释得很清楚了，然后转换为对应的RK值写入OPCODE中。

继续修改Lua代码，看一看键是变量的情况下是如何处理的：

```
local a = "a"
local p = {[a]=1}
```

先不看ChunkSpy生成的代码，思考一下应该是如何工作的。显然，这里首先需要一条语句将常量"a"加载到局部变量a中，这里需要对应一条loadk指令。另外，区别于前面的例子，这里的键来自局部变量，那么对应的RK格式也会有差异，因为此时不是从常量数组中获取key的数据，而是从寄存器中。

下面来看看我们的猜测是不是对的：

```
; function [0] definition (level 1)
; 0 upvalues, 0 params, 2 stacks
.function  0 0 2 2
.local  "a"  ; 0
.local  "p"  ; 1
.const  "a"  ; 0
.const  1  ; 1
; (1)  local a = "a"
[1] loadk      0   0          ; "a"
; (2)  local p = {[a]=1}
[2] newtable   1   0   1      ; array=0, hash=1
[3] settable   1   0   257    ; 1
[4] return     0   1
; end of function
```

确实，最开始多了loadk指令，将常量"a"加载到寄存器0中。然后settable指令中的key值小于255，也就是这个值来自于寄存器0。

有了这些准备，其实再回头理解代码就很容易了。解析一个以变量为键的工作在yindex函数中进行，其工作就是上一段分析ChunkSpy反汇编代码时提到的那些内容：

❑ 解析变量形成表达式相关的expdesc结构体；
❑ 根据不同的表达式类型将表达式的值存入寄存器。

上面完成了表相关的3个指令OP_NEWTABLE、OP_SETLIST和OP_SETTABLE的分析。从前面的分析可以看到，newtable指令后面会根据不同的情况，即是否有数组或者散列部分，对应地带上setlist指令或者settable指令。

6.3.2 查询表

来看最后一个表相关的指令OP_GETTABLE，其格式如下：

```
OP_GETTABLE,/* A B C  R(A) := R(B)[RK(C)]        */
```

对应的OPCODE是OP_GETTABLE，其作用是根据key从表中获取数据存入寄存器中，其中各个参数的说明如表6-5所示。

表6-5 OP_GETTABLE指令的参数及其说明

参 数	说 明
参数A	存放结果的寄存器
参数B	表所在的寄存器
参数C	key存放的位置，注意其格式是RK，也就是说这个值可能来自寄存器，也可能来自常量数组

修改前面的Lua代码，加上一条从表中获取数据的语句：

```
local p = {["a"]=1}
local b = p["a"]
```

使用ChunkSpy反编译出来的指令是：

```
; function [0] definition (level 1)
; 0 upvalues, 0 params, 2 stacks
.function  0 0 2 2
.local   "p"  ; 0
.local   "b"  ; 1
.const   "a"  ; 0
.const   1  ; 1
; (1)  local p = {["a"]=1}
[1] newtable   0   0   1   ; array=0, hash=1
[2] settable   0   256 257 ; "a" 1
; (2)  local b = p["a"]
[3] gettable   1   0   256 ; "a"
[4] return     0   1
; end of function
```

不难分析，查询表中的数据分为以下两步。

(1) 将待查询的字符串变量赋值到栈上的一个位置中。

(2) 以第(1)步中已经存储了该变量字符串值的数据作为键，在表中进行查询。

其实这部分不难理解，这里就不展开讨论这个指令的实现了。

6.3.3　元表的实现原理

有了前面的准备，我们已经知道了创建和查询表的原理。现在来看看Lua虚拟机在表处理上是如何做的，以此来探讨Lua元表的实现原理。

Lua在初始化时，首先会调用luaT_init函数初始化其中定义的几种元方法对应的字符串。这些都是全局共用的，在初始化完毕之后只可读不可写，也不能回收：

```
(ltm.c)
30 void luaT_init (lua_State *L) {
31   static const char *const luaT_eventname[] = {  /* ORDER TM */
32     "__index", "__newindex",
33     "__gc", "__mode", "__eq",
34     "__add", "__sub", "__mul", "__div", "__mod",
35     "__pow", "__unm", "__len", "__lt", "__le",
36     "__concat", "__call"
37   };
38   int i;
39   for (i=0; i<TM_N; i++) {
40     G(L)->tmname[i] = luaS_new(L, luaT_eventname[i]);
41     luaS_fix(G(L)->tmname[i]);  /* never collect these names */
42   }
43 }
```

这里将遍历前面定义的枚举类型TMS，将每一个类型对应的字符串赋值给global_State结构体中的tmname，同时调用函数luaS_fix将这些字符串设置为不可回收的。因为在这个系统运行的过程中，这些字符串会一直用到。至于如何让它们变成不可回收的，后面GC的部分将做分析。

接着，来看看Lua虚拟机从一个表中查询数据的过程，其中luaV_gettable函数的代码如下：

```
(lvm.c)
108 void luaV_gettable (lua_State *L, const TValue *t, TValue *key, StkId val) {
109   int loop;
110   for (loop = 0; loop < MAXTAGLOOP; loop++) {
111     const TValue *tm;
112     if (ttistable(t)) {  /* `t' is a table? */
113       Table *h = hvalue(t);
114       const TValue *res = luaH_get(h, key); /* do a primitive get */
115       if (!ttisnil(res) ||  /* result is no nil? */
116           (tm = fasttm(L, h->metatable, TM_INDEX)) == NULL) { /* or no TM? */
117         setobj2s(L, val, res);
118         return;
119       }
120       /* else will try the tag method */
121     }
122     else if (ttisnil(tm = luaT_gettmbyobj(L, t, TM_INDEX)))
123       luaG_typeerror(L, t, "index");
124     if (ttisfunction(tm)) {
125       callTMres(L, val, tm, t, key);
126       return;
127     }
128     t = tm;  /* else repeat with `tm' */
129   }
130   luaG_runerror(L, "loop in gettable");
131 }
```

这个函数根据该对象的元方法表中的__index表逐层向上查找。

❑ **第112~119行**：如果t是表，则尝试根据key在该表中查找数据，如果找到了非空数据，或者找到该表的元方法表中__index为空，都返回查找结果。反之，如果不返回查找结果，只可能是上面两个条件的反面情况，即在原表中查找的数据为空，同时原表的元方法表存在__index成员，而且此时该成员已经赋值给了tm。

❑ **第122~123行**：这说明前面判断t不是一个表，于是调用luaT_gettmbyobj函数，尝试拿到这个数据的metatable["__index"]，如果返回空，那么报错并返回。

❑ **第124~127行**：此时tm不是一个空值，于是判断它是不是函数，如果是，就通过callTMres函数来调用它，然后返回。

❑ **第128行**：来到这里，则说明前面得到的tm，既不是空值，也不是函数，而是t->metatable["__index"]，此时将这个值赋值为下一个循环中处理的t，继续前面的操作。

❑ **第130行**：如果这个逐层查找过程的层次过多，超过了MAXTAGLOOP，就终止循环，报错并返回。

接着看看这里的luaT_gettmbyobj函数，它的作用是根据一个数据的类型返回它的元表：

```
(ltm.c)
61 const TValue *luaT_gettmbyobj (lua_State *L, const TValue *o, TMS event) {
62   Table *mt;
63   switch (ttype(o)) {
64     case LUA_TTABLE:
65       mt = hvalue(o)->metatable;
66       break;
67     case LUA_TUSERDATA:
68       mt = uvalue(o)->metatable;
69       break;
70     default:
71       mt = G(L)->mt[ttype(o)];
72   }
73   return (mt ? luaH_getstr(mt, G(L)->tmname[event]) : luaO_nilobject);
74 }
```

可以看到，只有在数据类型为Table和udata的时候，才能拿到对象的metatable表，其他时候是到global_State结构体的成员mt中获取的，但是这对于其他数据类型而言，一直是空值。

fasttm宏的作用是从这个数据的元表中查询相应的对象返回，相关代码如下：

```
(ltm.h)
41 #define gfasttm(g,et,e) ((et) == NULL ? NULL : \
42   ((et)->flags & (1u<<(e))) ? NULL : luaT_gettm(et, e, (g)->tmname[e]))
43
44 #define fasttm(l,et,e)  gfasttm(G(l), et, e)

(ltm.c)
50 const TValue *luaT_gettm (Table *events, TMS event, TString *ename) {
51   const TValue *tm = luaH_getstr(events, ename);
52   lua_assert(event <= TM_EQ);
53   if (ttisnil(tm)) {  /* no tag method? */
```

6

```
54    events->flags |= cast_byte(1u<<event);  /* cache this fact */
55    return NULL;
56   }
57  else return tm;
58 }
```

这里真正做查找工作的是函数luaT_gettm，但是外面直接调用的却是宏fasttm和宏gfasttm，两者的区别在于一个使用的参数是lua_State指针，另一个使用的参数是global_State指针。这里会做一个优化，当第一次查找表中的某个元方法并且没有找到时，会将Table中的flags成员对应的位做置位操作，这样下一次再来查找该表中同样的元方法时，如果该位已经为1，那么直接返回NULL即可。

有了luaV_gettable的操作，对应的就会有luaV_settable，原理与luaV_gettable差不多，主要区别在于以下两点。

- luaV_settable是查找元表中的__newindex成员，同时由于set操作导致的表的成员增加了，需要调用luaC_barriert对该Table做屏障操作，具体的原理在后面GC部分将做说明。
- 当元表中的__newindex成员是函数的情况下，调用的是callTM函数。

有了前面的基础，理解如何在Lua中实现面向对象就不难了，这里不必分析Lua解释器代码，仅需看一个具体的例子：

```
(base.lua)
module( "base", package.seeall )
function new( )
  local obj = {}
  setmetatable( obj, { __index = base } )
  return obj
end
(test.lua)
module( "test", package.seeall )
setmetatable( test, { __index = base} )

function new( )
  local obj = {}
  setmetatable( obj, { __index = test } )
  return obj
end
```

在这个例子里，共提供了两个Lua模块，其中base模块可以认为是基类模块，而test是继承自base的子类。

在base.lua中，使用package.seeall的模块定义，让该模块中的全部方法对外暴露；而在test.lua中，最开始调用setmetatable将base模块的Table直接赋值作为test模块的metatable。后面每次调用test的new函数创建对象时，都在返回之前设置该对象的metatable，这样根据前面的分析，每次查找该对象的某个成员时，如果在test模块中没有定义，会往上根据metatable的__index成员到base模块中查找。

这就是Lua中实现面向对象的基本原理及演示。

但是，由前面的分析可知，查找基类的成员需要一层一层地往上查找，这个过程还是有性能上的损耗的。所以，另一种实现面向对象的方式是，直接将基类的成员深拷贝给子类：

```lua
local _class={}

function class(super)
  local class_type={}
  class_type.ctor=false
  class_type.super=super
  class_type.new=function(...)
    local obj={}
    do
      local create = function(c,...)
        if c.super then
          create(c.super,...)
        end
        if c.ctor then
          c.ctor(obj,...)
        end
      end

      create(class_type,...)
    end
    setmetatable(obj,{ __index=_class[class_type] })
    return obj
  end
  local vtbl={}
  _class[class_type]=vtbl

  setmetatable(class_type,{__newindex=
    function(t,k,v)
      vtbl[k]=v
    end
  })

  if super then
    setmetatable(vtbl,{__index=
      function(t,k)
        local ret=_class[super][k]
        vtbl[k]=ret
        return ret
      end
    })
  end

  return class_type
end
```

这个模块对外只有class函数，参数为基类的名称，返回一个派生类的对象数据。函数的作用是根据传入的基类，拿到对应的元表来初始化派生类对象的元表，这样在代码运行时，就不需要动态向上查找了，然而缺陷在于，这样做的话，势必在对象创建时会消耗更多的时间。

下面来看看怎么使用它。首先是基类的定义：

```
base_type=class()          -- 定义基类base_type

function base_type:ctor(x)    -- 定义base_type的构造函数
  print("base_type ctor")
  self.x=x
end

function base_type:print_x()    -- 定义一个成员函数 base_type:print_x
  print(self.x)
end

function base_type:hello()    -- 定义另一个成员函数base_type:hello
  print("hello base_type")
end
```

其次，根据该基类定义一个继承自base_type的子类：

```
test=class(base_type)     -- 定义一个继承于base_type的类test

function test:ctor()     -- 定义test的构造函数
  print("test ctor")
end

function test:hello()     -- 重载base_type:hello为test:hello
  print("hello test")
end
```

使用方式：

```
a=test.new(1)    -- 输出两行—base_type ctor和test ctor，这个对象被正确构造了
a:print_x()     -- 输出 1，这是基类base_type中的成员函数
a:hello()     -- 输出hello test，这个函数被重载了
```

6.4 函数相关的操作指令

接下来，看看函数相关的指令。首先考虑一下，与函数相关的操作有哪些，需要哪些数据结构来管理这些操作相关的信息。

☐ 独立的函数环境，函数体内部定义的局部变量都局限在这个环境。

☐ 函数的参数，也被认为是这个函数体内的局部变量。

☐ 函数调用前，要保护好调用者的环境，而在函数调用完毕之后，要准确恢复调用者之前的环境，并且如果存在返回值的话，也要正确处理。

❑ 最后，与其他编程语言不一样的是，在Lua中，函数是第一类（first class）的数据类型。这是什么意思？闭包（closure）与UpValue又有什么联系？

下面带着这几个问题开始讨论函数相关的操作。

6.4.1 相关数据结构

这部分内容在第5章中已经有过涉及，只是当时更多的是关注整体虚拟机执行的流程，还没有针对函数来展开讨论。

解析一个函数的信息保存在FuncState结构体中，前面已经做过一些讨论，下面简单回顾和展开一下。

这里首先需要专门解释一下，什么叫做父函数的FuncState指针，即前面数据成员中的prev是什么含义。

比如，以下代码中：

```
function fun()
  local a = 2
  function test()
    local a = 1
  end
end
```

函数test对应的FuncState指针的prev成员，就指向它的父函数fun的FuncState地址。回想起前面提到的查找一个变量所在函数的singlevaraux，就是根据这个prev指针，顺藤摸瓜地一直往上层来查找变量的。同时，这个过程也解释了一个现象，即当前函数栈的局部变量会覆盖上层函数的使用。在上面的例子中，函数test中对局部变量a赋值为1的动作，并不会影响其父函数fun中的局部变量a。

前面的数据成员中，提到了Proto *f成员，负责保存函数体解析完毕之后生成的指令数据。那么，如果一个Lua代码中没有任何涉及函数定义的部分，解析这些代码生成的指令将会存放在哪里呢？答案还是存放在Proto结构体中。这里需要确立一个概念，一个Lua文件本身就对应FuncState结构。用前面给出的例子来说明，就如图6-5所示。

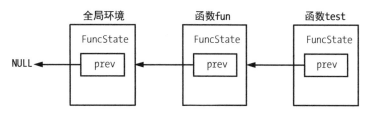

图6-5　父子函数环境中其FuncState结构体的关系

前面解释了成员prev指针的作用：它指向本函数环境的父函数的FuncState指针。

结合前面提到的singlevaraux函数，它查找变量的伪算法如图6-6所示。

(1) 如果当前调用参数的FuncState为空，则说明在该文件的全局环境中都查不到这个变量，那么就是全局变量，返回VGLOBAL。

(2) 否则，调用函数searchvar在当前层次中查找变量，如果找到了，那么认为是局部变量，返回VLOCAL。

(3) 以上两种情况都不是，那么递归调用函数singlevaraux在父函数中查找，此时传入singlevaraux函数的FuncState指针为当前指针的prev指针，如果返回VGLOBAL，则仍然认为是全局变量，否则认为是UpValue，返回VUPVAL。

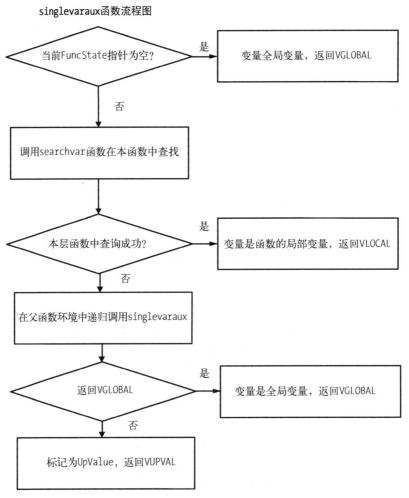

图6-6   查找变量流程图

下面以一段代码来解释前面这个流程:

```
g = 10
function fun()
  local a = 2
  function test()
    local b = 1
    print(a,b,g)
  end

  test()
end

fun()
```

在上面这段代码中,全局环境中有函数fun,而其中又有函数test。在函数test中,分别打印变量g、a和b。

- **查找变量g**:函数test首先在自己的函数环境中查找,如果找不到,就进入父函数fun的环境中查找,最后在全局环境中找到变量g,因此变量g就是一个全局变量。调用singlevaraux函数查找变量g,最后返回的是VGLOBAL。
- **查找变量b**:在函数test的函数环境中成功找到这个变量,因此调用singlevaraux函数查找变量b,最后返回的是VLOCAL。
- **查找变量a**:在函数test的函数环境中查询失败,递归调用singlevaraux函数,进入它的父函数fun中查询,因为这个变量是函数fun的局部变量,所以递归调用singlevaraux函数返回的不是VGLOBAL。因此,最后变量a会被标记为UpValue,返回VUPVAL。

接下来,解释FuncState结构体中的Proto *f信息是如何保存的。

前面提到过,函数luaY_parser是整个Lua分析的入口函数,这个函数的返回结果就是一个Proto指针。换句话说,Proto结构体就是Lua语法分析之后的最终产物,而在这个过程中看到的其他数据结构,比如FuncState和LexState结构体,都是为了进行语法分析的临时数据结构而已。

回到这里谈到的问题,从前面的结论可以推断出来:Lua解释器在解析完某个环境(比如全局环境)中定义的函数之后,生成的Proto结构体数据必然也会存放在该环境的Proto结构体数组中,最后一并返回。下面看看在代码中如何做到这一点。

当开始处理一个函数的定义时,首先调用open_func函数创建一个新的Proto结构体用于保存函数原型信息,接着将该函数的FuncState的prev指针指向父函数。最后,当函数处理完毕时,调用pushclosure函数将这个新的Proto结构体放入父函数的Proto数组中。

解析一个函数体的信息对应地在函数body中,代码如下:

```
(lparser.c)
576 static void body (LexState *ls, expdesc *e, int needself, int line) {
```

```
577   /* body -> `(' parlist `)' chunk END */
578   FuncState new_fs;
579   open_func(ls, &new_fs);
580   new_fs.f->linedefined = line;
581   checknext(ls, '(');
582   if (needself) {
583     new_localvarliteral(ls, "self", 0);
584     adjustlocalvars(ls, 1);
585   }
586   parlist(ls);
587   checknext(ls, ')');
588   chunk(ls);
589   new_fs.f->lastlinedefined = ls->linenumber;
590   check_match(ls, TK_END, TK_FUNCTION, line);
591   close_func(ls);
592   pushclosure(ls, &new_fs, e);
593 }
```

这里做的工作如下。

- **第579行**：调用open_func函数，主要做的就是初始化FuncState的工作。前面提到过，FuncState的成员prev指针指向其父函数的FuncState指针，就是在这里完成的。另外，这里还创建了分析完毕的Proto指针，只不过此时该Proto指针隶属于FuncState。因此，为了避免被GC回收，创建完毕之后，会将Proto指针和保存常量的Table压入该函数的栈中。因此，无论如何，当分析一个函数的时候，其栈底最开始的两个位置都是留给这两个变量的。

- **第581~590行**：完成函数体的解析，解析结果保存在局部变量new_fs的Proto *f中。

- **第591行**：分析完毕之后调用close_func函数，用于将最后分析的结果保存到Proto结构体中。在FuncState中，有许多与Proto相类似的变量，比如FuncState中的nk存放的是常量数组（也就是k数组）的元素数量，而Proto中的sizek也是这个含义，那么为什么需要把相同含义的变量放在两个结构体中分别用不同的变量来保存呢？答案是在分析过程中，FuncState.nk是不停变化的，而Proto.sizek直到分析完毕调用close_func时，才将FuncState.nk赋值给它。可以看到，FuncState是分析过程中使用的临时结构体，最终都是要为Proto服务的。close_func还做的操作是通过open_func中保存的prev指针还原，以及将栈指针减2，不再保存Proto指针和常量Table在栈中。

- **第592行**：调用pushclosure函数。此时已经分析完毕一个函数，有了分析的成果Proto结构体，该成果保存在new_fs的Proto成员中。此时，LexState中的FuncState已经在前面调用close_func时还原为父函数的FuncState，此时调用pushclosure操作，做的主要工作就是把new_fs的Proto指针保存到父函数FuncState的Proto指针的p数组中。除此之外，这个函数内部还会生成引用外部变量所需要的MOVE和GET_UPVAL指令，这一点在后面会描述。

其中body函数执行过程中数据结构的变化如图6-7所示。

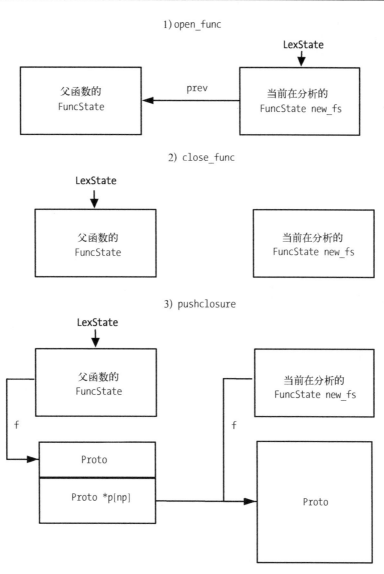

图6-7 body函数执行过程中数据结构的变化

用于存放函数信息的结构体是Closure，它其实是一个union，包含表示C函数的CClosure结构体与表示Lua函数的结构体LClosure：

```
(lobject.h)
291 #define ClosureHeader \
292   CommonHeader; lu_byte isC; lu_byte nupvalues; GCObject *gclist; \
293   struct Table *env
294
295 typedef struct CClosure {
```

```
296    ClosureHeader;
297    lua_CFunction f;
298    TValue upvalue[1];
299 } CClosure;
300
301
302 typedef struct LClosure {
303    ClosureHeader;
304    struct Proto *p;
305    UpVal *upvals[1];
306 } LClosure;
307
308
309 typedef union Closure {
310    CClosure c;
311    LClosure l;
312 } Closure;
```

从结构体LClosure的定义可以看到，Lua中的函数最重要的无非就是以下两种数据。

❑ **struct Proto *p**：用于存放解析函数体代码之后的指令。

❑ **UpVal *upvals[1]**：用于保存外部引用的局部变量。

可见，对于Lua中的一个闭包而言，即使在代码完全一样的情况下，如果引用的UpValue不同，执行起来也是不同的效果，这些在6.4.5节中再展开讨论。

最后，需要提一下，由于函数在Lua中是所谓的first class type（第一类类型），所以其实下面两段Lua代码是等价的：

```
function test()
end
test = function ()
end
```

生成一段代码用于保存函数test的相关信息，之后再将这些信息赋值给变量test，这里的test既可以是局部变量，也可以是全局变量，这跟一般的变量无异。

有了前面的准备，就可以分析函数定义相关的内容了。

6.4.2　函数的定义

首先，来看函数的定义。这里需要关注的是，解析完函数之后生成的Proto信息是如何存放的。

首先，来看一个最简单的函数定义：

```
function test()
end
```

这段代码定义了一个最简单的无参数函数test，使用ChunkSpy反编译出来的指令是：

```
; function [0] definition (level 1)
; 0 upvalues, 0 params, 2 stacks
.function  0 0 2 2
.const  "test"  ; 0

; function [0] definition (level 2)
; 0 upvalues, 0 params, 2 stacks
.function  0 0 0 2
; (2)  end
[1] return      0    1
; end of function

[1] closure    0    0        ; 0 upvalues
; (1)  function test()
[2] setglobal  0    0        ; test
; (2)  end
[3] return      0    1
; end of function
```

可以看出，整个代码分为两层，第二层就是函数test，而第一层函数即全局环境，这一层的第一条指令是一个closure语句，用于定义函数，紧跟着是一条setglobal指令，用于将函数体的信息赋值给全局变量test，这就完成了函数test的定义。

与函数定义相关的指令OP_CLOSURE的格式如下：

```
OP_CLOSURE,/* A Bx  R(A) := closure(KPROTO[Bx], R(A), ... ,R(A+n))  */
```

对应的OPCODE为OP_CLOSURE，其作用是定义函数，其中各个参数的说明如表6-6所示。

表6-6 OP_CLOSURE指令的参数及其说明

参　　数	说　　明
参数A	存放函数的寄存器
参数B	Proto数组的索引
参数C	无

与这部分代码相关的EBNF如下：

```
chunk -> { stat [`;'] }
stat -> funcstat
funcstat -> FUNCTION funcname body
```

所以，这里的核心就是funcstat函数和body函数：其中前者处理函数的定义，即如何把函数体信息和变量结合在一起；后者处理函数体的解析。

下面先来看看funcstat函数：

```
1212 static void funcstat (LexState *ls, int line) {
1213   /* funcstat -> FUNCTION funcname body */
1214   int needself;
1215   expdesc v, b;
1216   luaX_next(ls);  /* skip FUNCTION */
1217   needself = funcname(ls, &v);
1218   body(ls, &b, needself, line);
1219   luaK_storevar(ls->fs, &v, &b);
1220   luaK_fixline(ls->fs, line);  /* definition `happens' in the first line */
1221 }
```

这里做的主要工作如下。

❑ 定义存放表达式信息的变量v和b，其中v用来保存函数名信息，b用来保存函数体信息。
❑ 调用funcname函数解析函数名，并将结果保存在变量v中。
❑ 调用body函数解析函数体，并将返回的信息存放在b中。
❑ 调用luaK_storevar将前面解析出来的body信息与函数名v对应上。

关于luaK_storevar函数，这里就不展开讨论了，其实就是根据变量不同的作用域来生成保存变量的语句。在这个例子中，函数test是全局的，所以最后这里会生成一个OP_SETGLOBAL语句。

接下来，看看body函数。关于这个函数，前面已经做过分析，但是当时并没有涉及函数体内变量引用的问题。下面以这个问题为源头来看看这段Lua代码：

```
local g = 2

function fun()
  local a = 1
  function test()
    a = g
  end
end
```

在函数test中，一共引用了两个变量，其中局部变量a与函数test在同一层，而局部变量g比函数test更高一层。接着来看看Lua解释器是如何处理这部分内容的。

函数pushclosure会生成引用外部变量的MOVE和GET_UPVAL指令：

```
310 static void pushclosure (LexState *ls, FuncState *func, expdesc *v) {
311   FuncState *fs = ls->fs;
312   Proto *f = fs->f;
313   int oldsize = f->sizep;
314   int i;
315   luaM_growvector(ls->L, f->p, fs->np, f->sizep, Proto *,
316                   MAXARG_Bx, "constant table overflow");
317   while (oldsize < f->sizep) f->p[oldsize++] = NULL;
318   f->p[fs->np++] = func->f;
319   luaC_objbarrier(ls->L, f, func->f);
320   init_exp(v, VRELOCABLE, luaK_codeABx(fs, OP_CLOSURE, 0, fs->np-1));
321   for (i=0; i<func->f->nups; i++) {
```

```
322        OpCode o = (func->upvalues[i].k == VLOCAL) ? OP_MOVE : OP_GETUPVAL;
323        luaK_codeABC(fs, o, 0, func->upvalues[i].info, 0);
324    }
325 }
```

这部分代码的功能如下。

❑ **第311~318行**：将解析函数体生成的Proto指针赋值到父函数FuncState的Proto数组中。

❑ **第320行**：生成一个OP_CLOSURE指令。前面提到过，在Lua中函数是一个第一类类型的数据，因此这里的类型同样是需要重定向的，因为后面需要将这个函数体与具体的变量进行绑定，而此时并不知道对应的寄存器地址是多少。

❑ **第321~324行**：根据引用的外部变量是同一层的局部变量与否，来生成MOVE或者GET_UPVAL指令，这部分代码的作用就是将这些外部引用的对象赋值到当前函数栈中。

接下来，看看如何处理函数的参数。把前面的例子修改一下：

```
function f(a, b, c)
end
```

这个函数体对应的ChunkSpy反编译的指令是：

```
; function [0] definition (level 2)
; 0 upvalues, 3 params, 3 stacks
.function  0 3 0 3
.local  "a"  ; 0
.local  "b"  ; 1
.local  "c"  ; 2
; (2)  end
[1] return      0   1
; end of function
```

可以看到，这个函数的3个参数a、b和c有3个同名的局部变量与之对应。因此，在进入这个函数时，其对应的栈空间如图6-8所示。

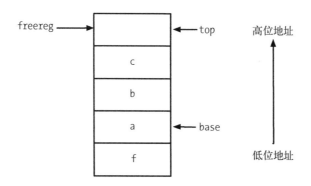

图6-8 函数f的栈空间

解析函数参数对应的操作在函数parlist中，它的EBNF语法是：

```
parlist -> [ param { `,' param } ]
```

因此，这个函数主要做的操作其实很容易想到，具体如下。

(1) 当当前解析的字符没有遇到)时，继续往下解析参数。

(2) 针对解析到的每一个参数，生成一个与之对应的局部变量。

(3) 解析完毕之后，根据参数个数调整函数体内局部变量的数量。

6.4.3　函数的调用与返回值的处理

接下来，看看调用函数和处理函数返回值的流程。

首先，看看函数调用前需要做的准备工作，以及在函数调用完毕之后需要为恢复调用者环境所做的工作。

调用函数之前的准备工作在函数luaD_precall中进行，它做的主要工作如下。

❑ 保存当前虚拟机的savedpc，这个变量用于保存当前虚拟机在进入luaV_execute函数时的PC地址。每个函数都有自己的执行环境，调用函数时，需要切换到它对应的环境中，调用完毕后需要切换回来。每个函数执行时，都有CallInfo结构体与之对应，这里面也有savedpc成员用于保存该函数的pc，而Lua虚拟机对应的数据结构lua_State也有savedpc成员。在函数调用前后，lua_State的savedpc成员就会跟着当前函数的CallInfo的savedpc进行切换。

❑ 准备该调用函数的初始栈空间，其中包括初始化函数的base地址，它一定是在函数地址的下一个位置，紧跟着的是留出函数参数的地址，最后设置函数栈的top地址。函数调用时，内部的局部变量数量最终不能超出这个地址。

❑ 最后将Lua虚拟机的savedpc成员切换到该函数Proto结构体的code成员上。前面的分析提到过，一个函数分析完毕之后，会有一个对应Proto结构体存放解析完毕之后的指令，这些指令就是存放在code数组中，此时切换到这里，结合前面就可以知道，Lua虚拟机将执行环境切换到这个函数了，开始进行函数的调用。

调用函数完毕之后的恢复工作在函数luaD_poscall中进行，它做的主要工作如下。

❑ 将虚拟机的base地址和savedpc恢复到上一个调用环境CallInfo保存下来的值。

❑ 根据函数需要返回的值将这些值写入函数栈中相应的地址，返回参数不足的用nil补全。

❑ 最后更新虚拟机的top地址。

有了前面的准备工作，现在看看函数调用相关的内容。

调用函数有以下3种格式，即对应Lua词法部分提到的funcargs的3种非终结符：

```
funcargs -> `(' explist1 `)' | constructor | STRING
```

❑ 使用括号围起来的表达式列表，如print("a")。

❑ 不使用括号围起来的字符串，如print "a"。

❑ 参数为一个表，如print{["a"]=1}。

为简单起见，这里只解释第一种最简单、最常见的情况，另外两种情况其实也差不多，这里就不阐述了。

调用一个函数，走过的EBNF路径是这样的：

```
chunk -> { stat [`;'] }
stat -> exprstat
exprstat -> primaryexp
primaryexp -> prefixexp funcargs
```

可见，调用函数时，需要先做如下准备工作。

❑ 函数也是一种变量，因此需要先定位这个函数在哪里，然后加载到寄存器中才可以在后面调用。

❑ 准备好函数的参数，按照前面分析的那样，将函数参数加载到函数栈空间中。

实际上，也确实是这样。下面来看一个最简单的函数调用代码：

```
print("a")
```

将代码反编译出来的指令是：

```
; function [0] definition (level 1)
; 0 upvalues, 0 params, 2 stacks
.function  0 0 2 2
.const  "print"  ; 0
.const  "a"  ; 1
; (1)  print("a")
[1] getglobal  0  0      ; print
[2] loadk     1  1      ; "a"
[3] call      0  2  1
[4] return    0  1
; end of function
```

它做了如下几件事情。

❑ 第[1]行：getglobal指令用于加载全局函数print，这一步用于查找函数名对应的变量。前面提到过，在Lua中，函数与一般的变量其实没有太大的区别，所以这里也可能是其他类型的加载变量的指令，这取决于在哪个作用域中找到这个函数。

❑ 第[2]行：loadk指令用于加载常量a。同样，根据参数的作用域，也可能是其他加载数据相关的指令。

❑ 第[3]行：使用call指令调用函数。

OP_CALL指令的格式如下：

`OP_CALL,/*  A B C R(A), ... ,R(A+C-2) := R(A)(R(A+1), ... ,R(A+B-1)) */`

OP_CALL指令的作用是调用函数，同时返回值，相关的参数及其说明如表6-7所示。

表6-7　OP_CALL指令的参数及其说明

参　　数	说　　明
参数A	被调用函数的地址
参数B	函数参数的数量，有两种情况：1）为0表示参数从A+1的位置一直到函数栈的top位置，这种情况下用于处理在函数参数中有另外的函数调用时，因为在调用时并不知道有多少参数，所以只好告诉编译器该函数的参数从A+1的位置一直到函数栈的top位置；2）大于0时，表示函数参数的数量为B-1
参数C	函数返回值的数量，也有两种情况：1）为0时，表示有可变数量的值返回；2）大于0时，表示返回值数量为C-1

可以看到，这里参数B和C根据情况有不同的值。

先来看看函数参数的情况。当函数参数B为大于0的值时，表示该函数的参数在调用时就是明确知道的，这些参数会使用loadk/move等指令加载到函数栈空间上，就如同前面的例子一样，如图6-9所示。

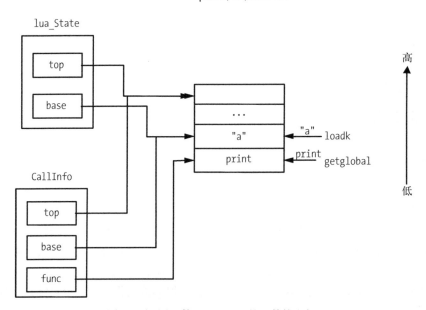

图6-9　调用函数print("a")的函数栈空间

但是，如果函数参数中有函数调用的情况下，比如下面这样：

```
print(test2())
```

此时的调用顺序如下。

(1) 调用函数test2，将它的返回值保存在print的栈上，而这些返回值的下一个位置就是函数test栈的top地址。

(2) 调用函数print，此时函数栈上已经有前面调用函数test2的返回值作为参数了。

换言之，当函数参数为函数调用时，参数B为0，表示从这个函数地址到top地址之间的空间都作为函数的参数，如图6-10所示。

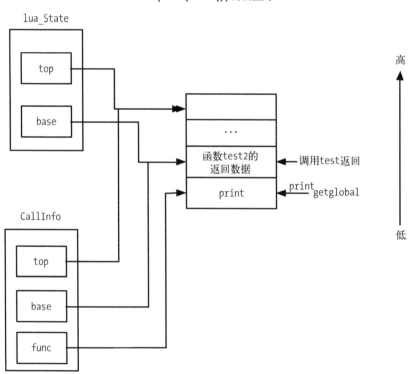

图6-10　调用函数print(test2())的函数栈空间

当函数参数为一个函数调用时，将B参数设置为0，是因为此时并不知道这个作为参数的函数调用最终会有多少返回值。

接着来看看参数C的情况。参数C与参数B的含义差不多，为0时都表示是多个参数，区别在于，参数C的数量是根据调用者的情况来决定的。

例如，下面这段代码：

```
function test()
end

a,b = test()
```

这里我们就不列出全部的反编译代码了，但是其中调用test部分对应的反编译代码是：

```
[4] call      0  1  3
```

可以看到，这里的call指令的参数C为3，表示返回两个参数。这是因为=号左边有两个变量。同样，如果改成了3个变量，C参数就会是4，因为这个参数是根据调用者的情况来决定的。

这个调整动作在函数adjust_assign中进行。例如，前面的式子中，=号左边有两个变量，右边只有一个表达式，这样它就将这个差值加1设置到C参数中。

接下来的疑问在于，假如被调用函数有返回语句，又是怎样的情况呢？这就需要看看return表达式的处理了，其对应的指令是OP_RETURN：

```
OP_RETURN,/*  A B return R(A), ... ,R(A+B-2)  (see note)  */
```

OP_RETURN指令的作用是函数返回变量给调用者，相关的参数及其说明如表6-8所示。

表6-8   OP_RETURN指令的参数及其说明

参　　数	说　　明
参数A	返回参数的起始地址
参数B	返回参数数量，有两种情况：1）为0表示参数从A+1的位置一直到函数栈的top位置，这用于处理函数参数中有另外的函数调用的情况，因为在调用时并不知道有多少参数，所以只好告诉编译器该函数的参数从A+1的位置一直到函数栈的top位置；2）大于0时，函数参数数量为B-1
参数C	无

这里参数B的含义与前面CALL指令的参数B的含义一样，都需要兼容参数中有函数调用的情况。

现在可以讨论前面提出来的疑问了：如果函数返回的参数数量大于被赋值的变量数量，又会如何呢？比如，下面这样的代码：

```
function test()
  return 1,2,3
end

a,b = test()
```

在上面的代码中，函数test返回3个参数，而只有两个变量等待被赋值。

这里仍然是上面的答案：函数的返回参数数量由所需要赋值的变量数量决定。换言之，这里test函数的返回参数数量，实际上是test函数中return表达式中返回参数的数量与待赋值变量数量中的最小值。当然，也可能存在返回参数数量不够的情况，这种情况下多余的变量会被赋值为nil。

总结起来，调用函数的过程大体是这样的。

(1) 调用函数之前，在函数luaD_precall中，准备好调用函数的函数栈和函数参数，将虚拟机的环境切换到被调用函数的环境，同时将待返回变量的数量存储在CallInfo结构体的nresults成员中。
(2) 调用函数之后，在函数luaD_poscall中，恢复调用者的函数环境，同时根据被调用函数的返回参数数量和前面存下来的nresults成员的值，来决定返回值的多少，如果不够，就使用nil补全。

6.4.4　调用成员函数

在面向对象编程中，要调用成员函数，需要有类似self指针的数据来存储这个对象。在Lua中，也可以实现类似面向对象的功能，然而却有两种不同的实现：

```
foo:bar("baz")
foo.bar(foo, "baz")
```

可以看到，第一种方式并没有显式传入这个模块的数据foo，而第二种方式则需要。这两种方式实现的效果相同，但是实际上对应的指令是不一样的。

对第一行代码进行反汇编，可以看到：

```
; function [0] definition (level 1)
; 0 upvalues, 0 params, 3 stacks
.function  0 0 2 3
.const    "foo"  ; 0
.const    "bar"  ; 1
.const    "baz"  ; 2
; (1)  foo:bar("baz")
[1] getglobal  0   0          ; foo
[2] self       0   0    257   ; "bar"
[3] loadk      2   2          ; "baz"
[4] call       0   3    1
[5] return     0   1
; end of function
```

而对第二行代码的反汇编结果是：

```
; function [0] definition (level 1)
; 0 upvalues, 0 params, 3 stacks
.function  0 0 2 3
```

```
.const  "foo"  ; 0
.const  "bar"  ; 1
.const  "baz"  ; 2
; (1)  foo.bar(foo, "baz")
[1] getglobal  0   0          ; foo
[2] gettable   0   0    257   ; "bar"
[3] getglobal  1   0          ; foo
[4] loadk      2   2          ; "baz"
[5] call       0   3    1
[6] return     0   1
; end of function
```

可以看到，虽然代码实现的都是一样的效果，但是指令数量却不一样，第二行比第一行多了gettable和getglobal指令，而第一行用了一条self指令。不难想象，self指令就是为了能达到相同的效果而设计的。

OP_SELF指令的格式如下：

```
OP_SELF,/*  A B C R(A+1) := R(B); R(A) := R(B)[RK(C)]   */
```

OP_SELF指令的作用是做好调用成员函数之前的准备，相关参数及其说明如表6-9所示。

表6-9　OP_SELF指令的参数及其说明

参　　数	说　　明
参数A	待调用模块赋值到R(A+1)中，而待调用的成员函数存放在R(A)中
参数B	待调用的模块存放在R(B)中
参数C	待调用的函数名存放在RK(C)

不难理解，这并不是一条不能替代的指令，设计这个指令的目的是为了节省效率，将模块的self数据以及待调用的函数数据都用这个指令提前准备好，而不是像前面那样生成多条指令来做调用成员函数之前的准备。

6.4.5　UpValue 与闭包

在Lua中，函数是第一类类型值（first class value），这意味着定义函数和其他普通类型是一样的，区别在于函数对应的数据值是对应的函数体的指令罢了。正因为这个特性，所以可以在函数内再定义内嵌的函数。如果函数f2在函数f1中，那么将f2称为f1的内嵌函数（inner function），而f1称为f2的外包函数（enclosing function）。内嵌函数可以访问其外包函数中的所有局部变量，这种特性称为词法作用域（lexical scoping），而这些局部变量就称为该内嵌函数的外部局部变量（external local variable），或者常说的UpValue。

闭包就是函数加上它所需访问的UpValue，前者涉及代码，而UpValue则与函数环境相关。比如，下面的代码：

```
function newCounter ()
  local i = 0
  return function ()
    i = i + 1
    return i
  end
end

c1 = newCounter()
print(c1())  --> 1
print(c1())  --> 2

c2 = newCounter()
print(c2())  --> 1
print(c2())  --> 2
```

函数newCounter每次返回一个匿名函数，每次调用时将其所引用的UpValue i递增。注意到c1和c2的函数体都是一样的，但是环境（UpValue）却不相同，这也是当c1输出结果是2时，新创建出来的c2函数输出还是1的原因。

理解了这一点，就不难理解Closure结构体的定义：

```
(lobject.h)
302 typedef struct LClosure {
303   ClosureHeader;
304   struct Proto *p;
305   UpVal *upvals[1];
306 } LClosure;
```

该结构体中有两个重要的成员，如下所示。

❏ **Proto指针**：用于保存分析阶段生成的字节码等信息。

❏ **UpVal指针**：用于保存这个Closure相关的UpValue。

因此，以前所谓的"相同函数"，如果更严格地说，应该指的是使用的是同一份函数代码，即同一个Proto指针，但是它们的UpValue并不见得是一样的，而UpValue正是函数执行时的环境信息之一。

严格来说，Lua中只有闭包而不存在"函数"，因为函数只是一种特殊的闭包。只是在不至于引起混淆的情况下，才继续沿用"函数"来指代闭包。

在前面提到的pushclosure函数中，最后的部分将根据引用到的外部变量是同层的局部变量或者是更上层的变量，来决定使用move还是getupval指令来得到这个外部变量。比如，在下面的代码中：

```
function test1()
  local a = 1
  function test2()
```

```
    local b = 100
    function test3()
        print(a)
      print(b)
    end
  end
  return test2
end

local fun = test1()
fun()
```

对于函数test3而言，引用到的变量b与本函数同层，因此使用的是move指令；而对于变量a，就是函数test2更上一层的局部变量了，使用的是getupval指令。

下面来看看如何定义UpValue的数据结构：

```
274 typedef struct UpVal {
275   CommonHeader;
276   TValue *v;  /* points to stack or to its own value */
277   union {
278     TValue value;  /* the value (when closed) */
279     struct {  /* double linked list (when open) */
280       struct UpVal *prev;
281       struct UpVal *next;
282     } l;
283   } u;
284 } UpVal;
```

我们注意到，这个结构体内部使用了union来存储数据，这说明这个数据结构可能有两种不同的状态：close以及open状态。在close状态下，使用的是TValue类型的数据；而在open状态下，使用的是两个UpVal类型的指针。下面来看看这两种状态分别指代的是什么。

在上面的代码中，在函数test1的执行过程中，局部变量a对于函数test3而言就处于open状态，此时test3中保存的是这个变量的引用，对应的就是前面UpVal结构体中的成员TValue *v。需要注意的是，这个成员是一个指针，即此时并不保存具体的值。所谓的open状态，指的就是被引用到的变量，其所在的函数环境还存在，并没有被销毁，因此这里只需要使用指针引用到相应的变量即可。

如果在离开函数test1之后再使用test3函数，类似上面代码中对函数fun的调用，此时对于这个函数而言，引用到的UpValue a在离开函数test1时空间被释放了，这个UpValue就是close状态的，此时需要把这个数据的值保存在结构体UpVal的成员TValue value中。需要注意的是，这个成员的类型已经不是指针了。

有了前面关于闭包和UpValue机制的理解，接下来看看相关的代码是如何处理这些逻辑的。

我们先来看看虚拟机中处理定义闭包的部分代码：

```
(lvm.c)
719      case OP_CLOSURE: {
720        Proto *p;
721        Closure *ncl;
722        int nup, j;
723        p = cl->p->p[GETARG_Bx(i)];
724        nup = p->nups;
725        ncl = luaF_newLclosure(L, nup, cl->env);
726        ncl->l.p = p;
727        for (j=0; j<nup; j++, pc++) {
728          if (GET_OPCODE(*pc) == OP_GETUPVAL)
729            ncl->l.upvals[j] = cl->upvals[GETARG_B(*pc)];
730          else {
731            lua_assert(GET_OPCODE(*pc) == OP_MOVE);
732            ncl->l.upvals[j] = luaF_findupval(L, base + GETARG_B(*pc));
733          }
734        }
735        setclvalue(L, ra, ncl);
736        Protect(luaC_checkGC(L));
737        continue;
738      }
```

在OP_CLOSURE指令之后，后面会紧跟着多个move或者getupval指令，用于初始化函数引用到的外部变量。这里需要注意的是，针对move指令，查找变量的函数是luaF_findupval，它的第二个参数是当前base指针加上MOVE指令的B参数。接着，我们来看看这个函数的具体实现：

```
(src/lfunc.c)
53  UpVal *luaF_findupval (lua_State *L, StkId level) {
54    global_State *g = G(L);
55    GCObject **pp = &L->openupval;
56    UpVal *p;
57    UpVal *uv;
58    while (*pp != NULL && (p = ngcotouv(*pp))->v >= level) {
59      lua_assert(p->v != &p->u.value);
60      if (p->v == level) {  /* found a corresponding upvalue? */
61        if (isdead(g, obj2gco(p)))  /* is it dead? */
62          changewhite(obj2gco(p));  /* ressurect it */
63        return p;
64      }
65      pp = &p->next;
66    }
67    uv = luaM_new(L, UpVal);  /* not found: create a new one */
68    uv->tt = LUA_TUPVAL;
69    uv->marked = luaC_white(g);
70    uv->v = level;  /* current value lives in the stack */
71    uv->next = *pp;  /* chain it in the proper position */
72    *pp = obj2gco(uv);
73    uv->u.l.prev = &g->uvhead;  /* double link it in `uvhead' list */
74    uv->u.l.next = g->uvhead.u.l.next;
75    uv->u.l.next->u.l.prev = uv;
76    g->uvhead.u.l.next = uv;
77    lua_assert(uv->u.l.next->u.l.prev == uv && uv->u.l.prev->u.l.next == uv);
78    return uv;
79  }
```

它的操作逻辑如下。

- **第55行**：首先将pp指针指向虚拟机的openupval，它用于保存当前所有处于open状态的UpValue。
- **第58~66行**：遍历这个链表来查找这个UpValue。循环终止的条件之一是该UpValue的v指针小于传入的参数level。根据前面看到的这个参数的意义，这个条件的含义就是在所有包含该函数的栈中查找这个变量。比如，以前面的例子而言，首先解析到的是函数test1，然后是test2，接着是test3。因此，反过来，函数test3的基地址就是最高的，接下来到函数test2，最后到函数test1。因此，查找变量的逻辑首先从最外面的test1开始查找，当查找到最里面的函数test3时结束查找。当查找到这个变量之后，如果发现这个变量是待回收的变量，就将它先置为可以复用。
- **第67~77行**：到了这里，说明前面并没有找到这个变量，此时创建一个新的UpValue，并将其放入openupval链表中。需要注意的是，第70行将这个变量存入v指针中，这说明最开始使用的是针对这个值的引用。

再来看看函数结束时做了哪些操作，这是在函数luaF_close中进行的：

```
 96 void luaF_close (lua_State *L, StkId level) {
 97   UpVal *uv;
 98   global_State *g = G(L);
 99   while (L->openupval != NULL && (uv = ngcotouv(L->openupval))->v >= level) {
100     GCObject *o = obj2gco(uv);
101     lua_assert(!isblack(o) && uv->v != &uv->u.value);
102     L->openupval = uv->next;  /* remove from `open' list */
103     if (isdead(g, o))
104       luaF_freeupval(L, uv);  /* free upvalue */
105     else {
106       unlinkupval(uv);
107       setobj(L, &uv->u.value, uv->v);
108       uv->v = &uv->u.value;  /* now current value lives here */
109       luaC_linkupval(L, uv);  /* link upvalue into `gcroot' list */
110     }
111   }
112 }
```

这个函数也传入了level参数，它是函数栈的基地址。这个函数循环遍历所有在openupval链表中且UpValue的v大于这个地址的UpValue，进行两个处理。

- **第103~104行**：如果没有在别的地方引用这个UpValue，就直接释放它。
- **第105~110行**：将引用的UpValue的值存下来，同时放在gc链表上，待后面回收。需要注意的是，第107行首先将这个v的值写入到value参数中，第108行重新将v指针指向了value的地址。整个过程对于使用者而言是完全透明的。

从前面的分析，可以得出如下结论。

❑ 函数在创建的时候，会根据该函数中用到的UpValue查找，如果在openupval这个存放所有处于open状态的UpValue链表中没有找到将要引用的UpValue，就新创建一个UpValue出来并将其放在openupval链表上。注意，此时UpValue中存放的值是指针引用。

❑ 函数在结束之后，会释放openupval链表上所有在该函数的UpValue，此时如果发现这个变量被内嵌函数作为UpValue引用了，那么找到这个UpValue并将值赋值过去，同时切换指针指向自己的数据域，这样即使在这个函数中关闭了所有UpValue，处于close状态时，被引用到的UpValue还能正确使用。

有了上面的分析，可以看到函数test执行前后，针对其内部的局部变量的变化情况如图6-11所示。

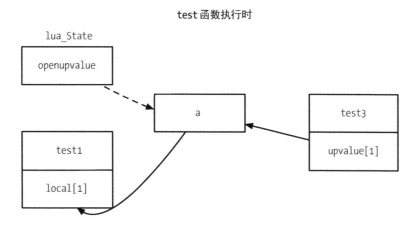

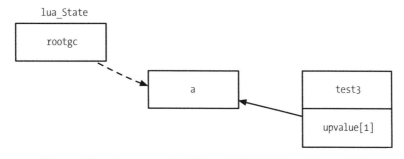

图6-11　同一个UpValue a在函数test执行前后的open及close状态

6.5　数值计算类指令

本节内容相对简单，这里不会介绍所有指令，仅解释一个指令，其他指令的处理类似：

```
OP_ADD,/*    A B C   R(A) := RK(B) + RK(C)              */
OP_SUB,/*    A B C   R(A) := RK(B) - RK(C)              */
OP_MUL,/*    A B C   R(A) := RK(B) * RK(C)              */
OP_DIV,/*    A B C   R(A) := RK(B) / RK(C)              */
OP_MOD,/*    A B C   R(A) := RK(B) % RK(C)              */
OP_POW,/*    A B C   R(A) := RK(B) ^ RK(C)              */
OP_UNM,/*    A B R(A) := -R(B)                  */
OP_NOT,/*    A B R(A) := not R(B)               */
```

在Lua源码中，给各种表达式定义了一个数组来存储左右优先级：

```
(lparser.c)
810 static const struct {
811   lu_byte left; /* left priority for each binary operator */
812   lu_byte right; /* right priority */
813 } priority[] = {  /* ORDER OPR */
814   {6, 6}, {6, 6}, {7, 7}, {7, 7}, {7, 7},  /* `+' `-' `/' `%' */
815   {10, 9}, {5, 4},                    /* power and concat (right associative) */
816   {3, 3}, {3, 3},                     /* equality and inequality */
817   {3, 3}, {3, 3}, {3, 3}, {3, 3},  /* order */
818   {2, 2}, {1, 1}                      /* logical (and/or) */
819 };
820
821 #define UNARY_PRIORITY  8  /* priority for unary operators */
```

其中，优先级越高对应的数字就越大。需要说明的是，这里还区分了一个操作符的左右优先级，怎么来理解呢？

比如，power操作符的左右优先级是不同的，其中左边的优先级大于右边的优先级。比如，表达式2 ^ 1 ^ 2是右结合的，即与表达式2 ^ (1 ^ 2)一样。

这部分的处理主要在函数subexpr中，里面统一了针对一元和二元操作符，以及没有一元操作符的简单表达式的处理。它的逻辑如下。

❑ 在传入函数的参数中，其中有一个参数用于表示当前处理的表达式的优先级，后面将根据这个参数来判断在处理二元操作符时，是先处理二元操作符左边还是右边的式子。首次调用函数时，这个参数为0，也就是最小的优先级。
❑ 在进入函数后，首先判断获取到的是不是一元操作符，如果是，那么递归调用函数subexpr，此时传入的优先级是常量UNARY_PRIORITY；否则调用函数simpleexp来处理简单的表达式。
❑ 接着看读到的字符是不是二元操作符，如果是并且同时满足这个二元操作符的优先级大于当前subexpr函数的优先级，那么递归调用函数subexpr来处理二元操作符左边的式子。

结合前面的表达式2 ^ 1 ^ 2来说明这个过程，这部分以伪代码来表示就是：

```
subexpr(0)
  read "2"
  simpleexp() // 解析2
```

```
read "^"

if left_priority > limit: // 操作符power的左优先级10大于当前函数的优先级0
  subexpr(9)  // 传入操作符power的右优先级9
    read "1"
    simpleexp() // 解析1
    read "^"

    if left_priority > limit: //  操作符power的左优先级10大于当前函数的优先级9
      subexpr(9)  // 传入操作符power的右优先级9

        read "2"
        simpleexp() // 解析2
```

这里需要说明一下在做二元计算时做的一些优化，比如如下代码：

```
local a = 4 + 7
```

理论上这应该有两条指令：首先是一条加法指令，用于将4与7相加；其次，将这个相加的结果赋值给局部变量a。

但是Lua在这里做了一些优化，在判断加法操作的两个对象都是常量数字时，会进行常量展开（const folding）操作，即在计算时将它们的结果计算好，再赋值给相应的变量，这部分代码在函数constfolding中。

但是并不是任何时候只要操作对象是常量，都可以进行常量展开操作，还要考虑到操作的优先级。下面来看另一种情况：

```
local a = b + 4 + 7
```

这里，在=号右边的表达式中，首先解析了b，然后是操作符+，因为此时前面没有别的操作，所以ADD操作的优先级是最高的；继续往下执行，解析了4以及操作符+，但是第二个ADD操作的优先级并没有比前一个高，所以仍然是优先执行前面的b + 4操作。在整个表达式解析完毕时，大致是如此的：首先计算b+4的结果并将其存放在一个临时寄存器中，然后将第一步的结果与7相加。

可见，这里4+7并没有进行常量展开，如果需要优化的话，那么需要显式地在4+7前后加括号。

6.6 关系逻辑类指令

关系逻辑类指令都有一个特点：根据条件来改变pc指针的走向，以达到不同条件跳转到不同地址来执行的效果，比如条件A要跳转到代码L1处，条件B要跳转到代码L2处。这里的难点在于，在生成跳转指令时，解释器往往还没有解析到跳转的目标代码段，即在生成跳转指令时并不确定最后将跳转到哪里去。这里会用到编译原理中一个叫"回填"的技术。

在这一节中，首先会介绍该技术背后的理论基础，这会涉及一部分编译原理的理论知识。明白原理之后，再具体展开Lua解释器中相关的数据结构及代码。

6.6.1 相关指令

相关的指令有下面这些，这里一并讨论：

```
OP_LOADBOOL,/*  A B C R(A) := (Bool)B; if (C) pc++ */
OP_JMP,/* sBx pc+=sBx          */
OP_EQ,/*     A B C   if ((RK(B) == RK(C)) ~= A) then pc++        */
OP_LT,/*     A B C   if ((RK(B) <  RK(C)) ~= A) then pc++        */
OP_LE,/*     A B C   if ((RK(B) <= RK(C)) ~= A) then pc++        */
OP_TEST,/*  A C if not (R(A) <=> C) then pc++              */
OP_TESTSET,/*   A B C   if (R(B) <=> C) then R(A) := R(B) else pc++ */
```

6.6.2 理论基础

这里暂时不展开复杂的讨论，所有的逻辑跳转类指令最后无非是这样的形式：

```
如果条件成立，则跳转到label1，否则跳转到label2：

label1:
    条件成立的处理
    跳转到出口

label2:
    条件不成立的处理
    跳转到出口

出口：
    处理收尾工作
```

比如，下面的这段C代码：

```
if (cond)
  func1();
else
  func2();
func_end();
```

套用上面的模式，可以改写为：

```
if (cond) {
  goto label1;
}

goto label2;

label1:
  func1();
  goto label_end;
```

```
label2:
  func2();
  goto label_end;

label_end:
  func_end();
```

相关的代码流程图如图6-12所示。

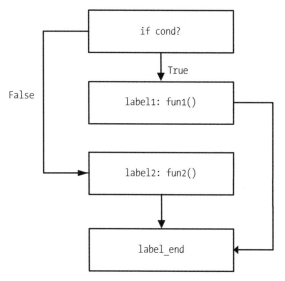

图6-12 goto实现的if-else代码流程图

虽然都可以套用这个模式来将条件语句改写为带有跳转指令的代码，但是有以下两点需要注意。

- 有一些跳转语句实际上是不必要的，比如label2中的goto label_end;，因为它后面紧跟着的语句就是label_end。
- 实际上，在生成跳转语句时，经常不知道跳转位置，这是这里最关键的问题。比如，最开始判断cond是否成立来决定跳转位置时，实际上label1和label2并未生成。

对于第一个问题，可以改写代码，从而删去一些多余的语句，比如前面的代码可以改写为：

```
if (cond)
  goto label1;

label2:
  func2();
  goto label_end;

label1:
  func1();
```

```
label_end:
  func_end();
```

对于第二个问题，在编译原理中，使用"回填"（backpatch）技术来处理。它的做法是，生成跳转语句时，将当前还不知道位置但是都要跳转到同一个位置的语句链接在一起，形成一个空悬跳转语句的链表，在后面找到跳转位置时，再将跳转位置遍历之前的链表填充回去。这一点和前面分析赋值指令时，针对非局部变量进行的重定位操作类似，因为在指令生成时具体的位置并不知道，所以先空悬了下来，待后面再回填。

由于跳转无非就是条件为真和为假两种情况的跳转，所以同一个表达式只有两个跳转链表，一般称为truelist和falselist。在具体的实现中，就是expdesc结构体中的成员t和f。

下面还是以开始的例子来解释这个过程：

```
if (cond)
  // 生成一个跳转语句，此时label1位置未知，因此生成跳转语句的跳转点加入cond的truelist

label2:
  func2();
  // 生成一个跳转语句，此时label_end位置未知，因此生成跳转语句的跳转点加入cond的falselist

label1:
  func1();

label_end:
  func_end();
```

回填技术的原理如图6-13所示。

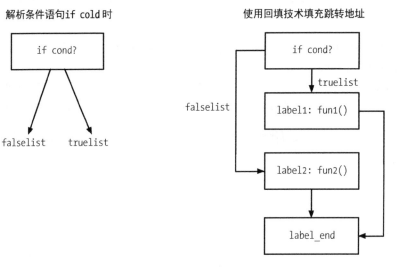

图6-13 回填技术原理

这里只是最简单的情况，如果有多个elseif的情况需要处理，那么truelist和falselist就可能不止只有一个元素。

这里可以看出，回填技术涉及如下两个操作。

❑ 将当前生成的未知其目的地址的跳转语句加入到某个空悬链表中。
❑ 以某个位置的数据，回填上面生成的空悬链表的悬空地址。

可以把空悬链表看作这样的链表：它将一系列空悬的跳转点链接在一起，而它们都将跳转到同一个位置，当这个位置已知的时候，再将这个地址回填到这些空悬跳转点上完成跳转位置的修正。

另外，跳转地址又分为两种：当前的指令位置以及其他不是当前指令位置的目的地址。可以把前者看成后者的特殊情况。

有了前面的理论基础并了解相关指令后，现在可以看看具体的代码实现了。

6.6.3　相关数据结构及函数

首先，来看看如何实现跳转链表，即最终跳转位置一样的指令是如何链接在一起的。

在OP_JMP指令中，sBx参数是作为跳转目的地址的偏移量存在的。Lua在实现时，会将一系列跳转到同一个地址的OP_JMP指令的sBx参数链接在一起。比如，A、B和C这3个OP_JMP指令最后都是跳转到同一个目的地址，而生成这几条指令的时候最终的目的地址并不知道，那么会首先将A的跳转地址设置为B指令的偏移量。同理，将B指令的跳转地址设置为C指令的偏移量，而将这个跳转链表最后一个元素C指令的跳转地址设置为NO_JUMP(-1)，表示它是链表的最后一个元素。

将一个新的跳转位置加入空悬跳转链表的操作在函数luaK_concat中：

```
(lcode.c)
185 void luaK_concat (FuncState *fs, int *l1, int l2) {
186   if (l2 == NO_JUMP) return;
187   else if (*l1 == NO_JUMP)
188     *l1 = l2;
189   else {
190     int list = *l1;
191     int next;
192     while ((next = getjump(fs, list)) != NO_JUMP)  /* find last element */
193       list = next;
194     fixjump(fs, list, l2);
195   }
196 }
```

这里的参数l1是空悬链表的第一个指令位置，l2是待加入该链表的指令位置，其中处理了3种情况。

- 如果l2是NO_JUMP，则直接返回，因为这个位置存储的指令不是一个跳转指令。
- 如果l1是NO_JUMP，说明这个跳转链表为空，当前没有空悬的跳转指令在该链表中，直接赋值为l2。
- 最后一种情况说明l1现在是一个非空的跳转链表，首先遍历这个链表到最后一个元素，其判定标准是跳转位置为NO_JUMP时表示是跳转链表的最后一个元素，然后调用fixjump函数将最后一个元素的跳转位置设置为l2，这样l2就添加到了该跳转链表中。

可以看到，这个跳转链表的实现并不像经典的链表实现那样，有一个类似next的指针指向下一个元素，而是利用了跳转指令中的跳转地址这一个参数来存储链表中下一个元素的值。

同时，我们还看到了上面有两个函数getjump和fixjump。getjump函数根据指令得到sBx参数值，但是由于sBx是相对位置，所以还需要转换成绝对位置。fixjump则是计算两个指令之间的偏移量作为跳转指令的sBx参数值设置进去。

图6-14演示了跳转到同一个位置的多个指令通过sBx参数连接起来了。

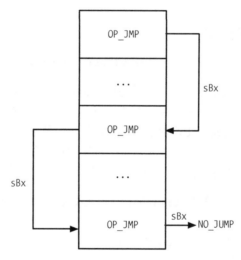

图6-14 跳转到同一个位置的多个指令通过sBx参数连接起来

有了前面将新指令添加到跳转链表的基础，回填跳转地址的流程就很清晰了，它做的事情也是遍历整个链表，修改每个指令的sBx参数值：

```
(lcode.c)
150 static void patchlistaux (FuncState *fs, int list, int vtarget, int reg,
151                           int dtarget) {
152   while (list != NO_JUMP) {
153     int next = getjump(fs, list);
154     if (patchtestreg(fs, list, reg))
155       fixjump(fs, list, vtarget);
156     else
```

```
157        fixjump(fs, list, dtarget);  /* jump to default target */
158     list = next;
159   }
160 }
```

这里除了前面提到的getjump和fixjump函数之外，还有对另一个函数patchtestreg的调用，不过目前暂时不对该函数做解释，只需要知道，patchlistaux函数中做的事情就是遍历一个跳转链表的所有元素，调用fixjump函数将跳转地址回填到链表中的每个指令中。

接着，我们看看用于回填地址的相关数据，以及如何把回填地址写入跳转地址中。

FuncState结构体有一个名为jpc的成员，它将需要回填为下一个待生成指令地址的跳转指令链接到一起。这个操作是在luaK_patchtohere函数中进行的：

```
(lcode.c)
180 void luaK_patchtohere (FuncState *fs, int list) {
181   luaK_getlabel(fs);
182   luaK_concat(fs, &fs->jpc, list);
183 }
```

那么，何时进行跳转地址的回填呢？答案在luaK_code函数中。该函数是每次新生成一个指令最终会调用的函数，这里将调用函数dischargejpc遍历jpc链表，使用当前的pc指针进行回填操作：

```
(lcode.c)
164 static void dischargejpc (FuncState *fs) {
165   patchlistaux(fs, fs->jpc, fs->pc, NO_REG, fs->pc);
166   fs->jpc = NO_JUMP;
167 }
```

注意在luaK_code函数的最后，返回新生成指令的pc指针时，会将pc指针做一个++操作，这样下一次再调用luaK_code函数走到dischargejpc函数时，pc指针自然都是指向下一个待生成的指令。

关于jpc，还需要注意函数luaK_jump，它是生成JMP指令时调用的函数：

```
(lcode.c)
59 int luaK_jump (FuncState *fs) {
60   int jpc = fs->jpc;  /* save list of jumps to here */
61   int j;
62   fs->jpc = NO_JUMP;
63   j = luaK_codeAsBx(fs, OP_JMP, 0, NO_JUMP);
64   luaK_concat(fs, &j, jpc);  /* keep them on hold */
65   return j;
66 }
```

这里首先预存了当前的jpc，然后将当前FuncState的jpc指针置为NO_JUMP，再调用luaK_codeAsBx生成OP_JMP指令，最后将前面预存的jpc指针加入到新生成的OP_JMP指令的跳转位置中。

这里之所以这么做，是因为如果当前即将生成的指令是OP_JMP跳转指令，那么按照这个新生成的跳转指令进行回填操作，jpc链表中悬空的跳转指令将会首先跳转到这个指令上，然后再从这个指令上跳转到最终的目的地址，这实际上做了两次跳转。

因此，这里生成跳转指令之前，首先将FuncState结构体的jpc指针置为无效的跳转地址，这样在生成跳转指令时调用dischargejpc，就不会将下一个pc指令的地址遍历jpc链表进行回填，因为此时的jpc链表已经无效。

而在生成跳转指令后，再将之前保存的jpc链表加入到这个跳转指令的链表中，这样在最终拿到目的地址时，遍历该链表上的所有跳转地址，一次性进行回填操作，就不会在执行时做两次跳转操作了。

可以看到，这里对跳转指令做了一个优化，将原来需要进行连续两次跳转的操作，优化为只需要跳转一次就能到最终的目的地址。

jpc链表中保存的是将要跳转到下一个待生成指令的跳转指令链表，而如果要跳转到当前指令，其实需要的就是当前的pc指针，这是在函数luaK_getlabel中返回的：

```
(lcode.c)
94 int luaK_getlabel (FuncState *fs) {
95    fs->lasttarget = fs->pc;
96    return fs->pc;
97 }
```

6.6.4   关系类指令

现在就可以看看这一节需要涉及的指令。

关系类指令OP_EQ、OP_LT、OP_LE分别用于生成等于、大于以及大于等于关系指令，而不等于、小于以及小于等于可以看作这3个指令操作的值取反的情况，所以这里并没有后面这3种关系对应的指令。这3种指令的特点是，它们将栈中的两个值进行对比，根据结果做下一步操作。因此，一个关系类指令后面一定跟随着一个跳转指令以及两个OP_LOADBOOL指令。其中，OP_LOADBOOL指令用于加载前面的比较结果，跳转指令用于根据比较结果来选择是跳转到哪一条OP_LOADBOOL指令。

OP_LOADBOOL指令的格式很简单：

```
OP_LOADBOOL,/*  A B C R(A) := (Bool)B; if (C) pc++ */
```

它的作用是，向R(A)中赋值布尔类型的参数B的值，再根据参数C的值决定是否将pc指针加1，也就是是否跳过下一条指令。

下面我们来看一个例子。由于3条关系类指令的处理类似，这里只分析其中一个即可：

```
local a,b,c
c = a == b
```

使用ChunkSpy分析生成的指令:

```
.function  0 0 2 3
.local  "a"  ; 0
.local  "b"  ; 1
.local  "c"  ; 2
[1] eq        1   0   1    ; to [3] if false
[2] jmp       1              ; to [4]
[3] loadbool  2   0   1    ; false, to [5]
[4] loadbool  2   1   0    ; true
[5] return    0   1
```

下面逐条分析生成的指令。

❏ 第[1]行: 比较局部变量a(R(0))以及b(R(1))的值是否相等, 该结果的布尔值与1(参数A)相比, 如果不相等, 就将PC指针加1, 也就是跳转到指令[3]。

❏ 第[2]行: OP_JMP指令的跳转偏移量是1, 也就是跳过前面的一条指令到指令[4]。

❏ 第[3]行: 将局部变量c(R(2))赋值为0(参数B), 因为参数C是1, 于是PC指针加1, 跳转到指令[5]。

❏ 第[4]行: 将局部变量c(R(2))赋值为1(参数B), 因为参数C是0, 于是PC指针加0, 也就是不进行跳转操作。

❏ 第[5]行: 可以认为这条指令才是第[1]行的OP_EQ指令在逻辑意义上的下一条指令。之所以这么说, 是因为前面的几条指令[2]-[4]都是跳转类指令, 当一条跳转类指令要跳转到某个指令的下一条指令时, 会选择这条指令后面的第一条非跳转类指令作为跳转地址。

从上面的分析可以看到, 真正将比较结果进行赋值的操作是在两条OP_LOADBOOL指令中进行的。OP_EQ所做的是进行实际的比较操作, 同时根据结果进行不同的跳转, 以此来选择对应情况的OP_LOADBOOL指令, 完成将比较结果赋值到变量中的操作。

图6-15演示了OP_EQ指令的truelist以及falselist。

处理关系指令的代码在函数codecomp中:

```
(lcode.c)
681 static void codecomp (FuncState *fs, OpCode op, int cond, expdesc *e1,
682   expdesc *e2) {
683   int o1 = luaK_exp2RK(fs, e1);
684   int o2 = luaK_exp2RK(fs, e2);
685   freeexp(fs, e2);
686   freeexp(fs, e1);
687   if (cond == 0 && op != OP_EQ) {
688     int temp;  /* exchange args to replace by `<' or `<=' */
689     temp = o1; o1 = o2; o2 = temp;  /* o1 <==> o2 */
690     cond = 1;
```

```
691    }
692    e1->u.s.info = condjump(fs, op, cond, o1, o2);
693    e1->k = VJMP;
694 }
```

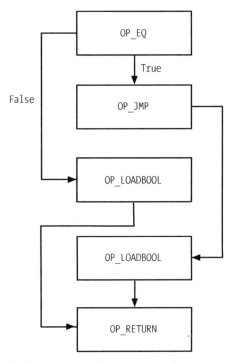

图6-15　OP_EQ指令的truelist以及falselist

下面简要介绍各行代码的作用。

❑ **第683~684行**：将进行比较的表达式加载到RK数组中。

❑ **第685~686行**：因为前面已经加载了表达式的值，这里释放这两个表达式占用的空间。

❑ **第687~691行**：进行前面提到的条件翻转，比如a > b条件可以用!(a <= b)代替。

❑ **第692~693行**：生成OP_JMP指令。

这里的疑问在于，前面提到的最后两个LOADBOOL指令，从上面的代码看并不在这里生成，那么具体会在哪里进行这个操作呢？答案是在函数exp2reg中：

```
(lcode.c)
390 static void exp2reg (FuncState *fs, expdesc *e, int reg) {

394    if (hasjumps(e)) {
395      int final;  /* position after whole expression */
396      int p_f = NO_JUMP;  /* position of an eventual LOAD false */
397      int p_t = NO_JUMP;  /* position of an eventual LOAD true */
```

```
398      if (need_value(fs, e->t) || need_value(fs, e->f)) {
399        int fj = (e->k == VJMP) ? NO_JUMP : luaK_jump(fs);
400        p_f = code_label(fs, reg, 0, 1);
401        p_t = code_label(fs, reg, 1, 0);
402        luaK_patchtohere(fs, fj);
403      }
404      final = luaK_getlabel(fs);
405      patchlistaux(fs, e->f, final, reg, p_f);
406      patchlistaux(fs, e->t, final, reg, p_t);
407    }

411 }
```

注意在第394~407行的条件判断中，会根据当前表达式是否需要跳转来进行处理。

☐ **第395~397行**：定义了3个位置变量，其中final用于保存整个表达式e最后的地址，p_f/p_t分别用于保存false、true跳转链表。

☐ **第398行**：分别传入表达式的truelist/falselist来调用need_value函数，只要其中一个返回true，那么进入这个条件处理中。函数need_value的逻辑是，只要一个跳转链表中有一个指令不是OP_TESTSET，那么就返回true。至于OP_TESTSET指令，后面谈到的时候再解释。

☐ **第399行**：根据当前表达式是不是VJMP类型，判断是否生成跳转指令。很显然，即使生成了跳转指令，当前也不知道跳转地址，需要在后面进行回填操作，因此把这个指令存放在局部变量fj中了。

☐ **第400~401行**：这里就是对应生成前面的LOADBOOL指令了，将地址分别存放在p_f和p_t中。同样需要注意的是，这两个地址当前也是不知道最终地址的，后面需要进行回填操作。

☐ **第402行**：此时已经生成了两条LOADBOOL指令，那么前面的fj跳转地址就在这两条指令之后，所以这里调用luaK_patchtohere进行回填操作。

☐ **第404行**：假如前面需要生成的额外指令都已经生成，final变量在这里可以拿到表达式e的后一个位置了。

☐ **第405~406行**：调用patchlistaux函数，以final变量为目标地址，分别对表达式e的truelist和falselist进行回填操作。

6.6.5 逻辑类指令

再来看看逻辑类指令的处理。

关系类指令操作之后的结果，其实是布尔类型的返回值。而逻辑类指令的操作结果就不仅限于布尔类型的返回值了，可以是Lua中任意类型的值。因此，不会有OP_LOADBOOL指令来加载它的指令结果到变量中的操作，但是指令中有赋值结果到变量中的操作。

同时，由于逻辑类指令通过判断某个变量的值是不是false的情况来做其他操作，而不像关系类指令那样是两个变量之间的比较，所以逻辑类指令中进行比较的是一个变量和一个参数值。而这两类指令相同的地方在于，都需要紧跟OP_JMP跳转指令来针对不同的结果做处理。下面来看看具体的格式：

```
OP_TEST,/*  A C if not (R(A) <=> C) then pc++              */
OP_TESTSET,/*   A B C   if (R(B) <=> C) then R(A) := R(B) else pc++ */
```

逻辑类指令首先会把待比较变量的值转换为对应的布尔类型值。比如，如果一个变量的值是nil（或者没有定义），或者本身就是布尔类型的false，就会被认为是false。

可以看到，OP_TEST与OP_TESTSET指令之间除了进行比较的操作参数不同外（OP_TEST是对比R(A)和参数C，OP_TESTSET是对比R(B)和C），可以将OP_TEST指令看作OP_TESTSET的特殊情况。OP_TESTSET指令比OP_TEST指令多了一个将R(B)赋值给R(A)的操作，而OP_TEST可以看作也有此处理，只不过是把R(B)赋值给R(B)，相当于没有赋值操作的情况。这里首先分析OP_TESTSET指令，后面再分析两者在处理上的差异。

这里使用的测试指令是：

```
local a,b,c
c = a and b
```

ChunkSpy指令中看到的输出是：

```
.function  0 0 2 3
.local  "a"  ; 0
.local  "b"  ; 1
.local  "c"  ; 2
[1] testset    2  0  0     ; to [3] if true
[2] jmp        1           ; to [4]
[3] move       2  1
[4] return     0  1
```

下面逐条分析上述指令。

□ **第[1]行**：比较局部变量a（R(B)）与参数C的值（0），如果两者相等，即说变量a的值相当于布尔类型的false，那么将变量a的值赋值给变量c（R(A)），否则将PC指针加1，跳转到指令[3]。

□ **第[2]行**：如果走到这个跳转指令，说明前面变量a的值为false，此时已经将变量a的值赋值给变量c了，于是跳转到指令[4]。

□ **第[3]行**：如果走到这个跳转指令，说明前面变量a的值不为false，那么需要将变量b的值赋值给变量c。

□ **第[4]行**：可以看作这个关系指令逻辑意义上的下一条指令，前面的跳转指令会根据这个指令的地址进行回填。

可以看到，这里的指令走向取决于变量a的值，指令[2]-[4]是变量a为false情况下的走向，也就是这个表达式的falselist；指令[3]-[4]是变量a为true情况下的走向，也就是这个表达式的truelist。

有了前面的准备，就可以进入代码中，看看这些指令是如何生成的了。由于关系类指令比逻辑类指令简单，所以这里就不分析前面的关系类指令了，仅分析逻辑类指令。

对and操作符的处理，最终都会到函数luaK_goiftrue中，该函数的第二个参数expdesc结构体指针对应的是and操作符的第一个操作表达式。该函数命名为luaK_goiftrue的意思，也就是该表达式在true情况下的走向。对应地，操作符or对应的是函数luaK_goiffalse。下面我们来看看这个函数：

```
(lcode.c)
539 void luaK_goiftrue (FuncState *fs, expdesc *e) {
540   int pc;  /* pc of last jump */
541   luaK_dischargevars(fs, e);
542   switch (e->k) {
543     case VK: case VKNUM: case VTRUE: {
544       pc = NO_JUMP;  /* always true; do nothing */
545       break;
546     }
547     case VFALSE: {
548       pc = luaK_jump(fs);  /* always jump */
549       break;
550     }
551     case VJMP: {
552       invertjump(fs, e);
553       pc = e->u.s.info;
554       break;
555     }
556     default: {
557       pc = jumponcond(fs, e, 0);
558       break;
559     }
560   }
561   luaK_concat(fs, &e->f, pc);  /* insert last jump in `f' list */
562   luaK_patchtohere(fs, e->t);
563   e->t = NO_JUMP;
564 }
```

下面简要介绍一下这个函数。

❑ **第541行**：调用函数将传入的表达式解析出来。

❑ **第542~560行**：根据解析出来的表达式类型做不同的处理。这主要分为以下几种情况。

■ **第543~546行**：当表达式是常量（VK）、VKNUM（数字）以及VTRUE（布尔类型的true）时，并不需要增加一个跳转指令跳过下一条指令。

■ **第547~550行**：如果是VFALSE，就需要生成一个跳转指令。

- 第551~555行：如果是VJMP，则说明表达式v是一个逻辑类指令，这时需要将它的跳转条件进行颠倒操作。比如，如果前面的表达式是比较变量A是否等于变量B，那么这里会被改写成变量A是否不等于变量B。
- 第556~559行：最后一种是默认情况，此时需要进入jumponcond函数中，生成针对表达式v为false情况的OP_TESTSET指令。注意，这里传入jumponcond函数中的cond参数是0，也就是生成的是表达式为false情况下的指令。

- 第561行：前面根据表达式的不同类型生成跳转指令，该指令的地址返回在局部变量pc中。可以看到，pc可能有两种情况，一种为NO_JUMP，这种情况是表达式恒为true的情况，其他情况最终都会生成跳转指令，而这些跳转都发生在表达式v为false的情况。因此，这里将返回的pc变量加入到表达式的falselist中。
- 第562行：调用luaK_patchtohere函数，将表达式的truelist加入到jpc跳转链表中。前面已经分析过了，这在生成下一条指令时将下一条指令的pc遍历jpc链表进行回填操作。换言之，表达式e为true的情况将跳转到前面生成的跳转指令的下一条指令。

前面曾经对patchlistaux进行过简单分析，但是还有细节没有交代清楚，这里终于可以展开讨论了。为了方便，再次将patchlistaux函数的代码列举一下：

```
(lcode.c)
150 static void patchlistaux (FuncState *fs, int list, int vtarget, int reg,
151                           int dtarget) {
152   while (list != NO_JUMP) {
153     int next = getjump(fs, list);
154     if (patchtestreg(fs, list, reg))
155       fixjump(fs, list, vtarget);
156     else
157       fixjump(fs, list, dtarget);  /* jump to default target */
158     list = next;
159   }
160 }
```

这里首先需要关注的函数是patchtestreg，如果传入的跳转指令是紧跟在OP_TESTSET指令的，就返回1，这里暂时不展开讨论这个函数，仅需要知道这个结果就好。

继续回到函数patchlistaux中。可以看到，虽然这个函数做的事情是遍历整个跳转链表，调用fixjump函数回填跳转指令地址，但是这里会根据patchtestreg来区分回填进去的是vtarget还是dtarget。我们回头看一下，这里的参数vtarget对应的是exp2reg函数中的final，而dtarget对应的是exp2reg中的p_f/p_t。

这几个变量值根据跳转指令是否紧跟在OP_TESTSET，分为如下两种情况。

- need_value返回1，说明truelist或者falselist中有一个跳转指令不是紧跟在OP_TESTSET指令，这时存在需要加载表达式的比较结果的情况，因此p_t/p_f都不会为OP_JUMP，而是有对应的OP_LOADBOOL指令地址。

❑ need_value函数针对truelist以及falselist都返回0，表示跳转链表中的跳转指令都是紧跟在OP_TESTSET指令之后，此时表达式不返回布尔型结果，因此不需要补充OP_LOADBOOL指令。

因此，patchlistaux函数中的vtarget指的是value target，表示此时所需的非布尔类型值已经在reg寄存器中，此时只需要使用final，也就是表达式的下一个指令地址对跳转地址进行回填；而dtarget意指的是default target，表示此时表达式需要的是布尔类型值，此时需要使用falselist或者truelist回填跳转地址。

接下来，看看逻辑操作中何时生成的是OP_TEST指令而不是OP_TESTSET指令。答案就在前面没有展开分析的patchtestreg函数中：

```
(lcode.c)
132 static int patchtestreg (FuncState *fs, int node, int reg) {
133    Instruction *i = getjumpcontrol(fs, node);
134    if (GET_OPCODE(*i) != OP_TESTSET)
135      return 0;  /* cannot patch other instructions */
136    if (reg != NO_REG && reg != GETARG_B(*i))
137      SETARG_A(*i, reg);
138    else  /* no register to put value or register already has the value */
139      *i = CREATE_ABC(OP_TEST, GETARG_B(*i), 0, GETARG_C(*i));
140
141    return 1;
142 }
```

可以看到，在跳转指令不是紧跟在OP_TESTSET指令后面的情况下，patchtestreg返回0，于是在patchlistaux函数中使用dtarget进行回填操作，这些前面已经阐述过。这里的重点是OP_TESTSET情况下的处理。

这里的reg是需要赋值的目的寄存器地址，也就是OP_TESTSET指令中的参数A，当这个值有效并且不等于参数B时，直接使用这个值赋值给OP_TESTSET指令的参数A。

否则，就是没有寄存器进行赋值，或者寄存器中已经存在值（参数A与参数B相等的情况下），此时将原先的OP_TESTSET指令修改为OP_TEST指令。

什么情况下不需要赋值呢？如果把前面的代码修改为a = a and b，这种情况下a的值可能是a或者b，但是由于左边的a与右边的a是同一个变量，此时并不需要将a再赋值给a。也就是前面的参数A与参数B是同一个值的情况，可以自己验证一下这种情况。

6.7　循环类指令

理解了逻辑跳转类指令的实现，循环类指令就很好理解了，毕竟循环类指令其实也是可以使用跳转类指令的方式模拟实现的：在循环终止条件还不满足的情况下，继续进行循环体的代码执行，否则跳出循环。在本节中，我们将讲解循环类指令，但是不会讲解所有循环类指令，而是把重点放在for循环类指令上。

6.7.1   理论基础

首先还是来考虑一下，要实现循环类指令，一般需要哪些操作，大体有如下这些。

- **初始化操作**：初始化循环变量、步长变量、结束循环的条件等。
- **循环体**：循环进行的操作都放在这里。
- **循环终止的判断**：每次执行完一次循环体中的代码，都要对循环变量做一次修改，可能是根据步长变量进行一次修改，也可能是指向下一个容器，再使用新的循环变量针对循环终止条件做一次判断，如果循环还没有终止，就再次跳回循环体进行下一次的执行，否则终止循环。

比如，下面这段for循环代码：

```
for v = e1, e2, e3 do block end
```

与下面这段代码的作用一样：

```
do
      local var, limit, step = tonumber(e1), tonumber(e2), tonumber(e3)
      if not (var and limit and step) then error() end
      while (step > 0 and var <= limit) or (step <= 0 and var >= limit) do
        local v = var
        block
        var = var + step
      end
  end
```

6.7.2   for 循环指令

涉及for循环类的指令有如下几个：

```
OP_FORLOOP,/*   A sBx    R(A)+=R(A+2);if R(A) <?= R(A+1) then { pc+=sBx; R(A+3)=R(A) }*/
OP_FORPREP,/*   A sBx    R(A)-=R(A+2); pc+=sBx                 */
OP_TFORLOOP,/*  A C R(A+3), ... ,R(A+2+C) := R(A)(R(A+1), R(A+2));if R(A+3) ~= nil then R(A+2)=R(A+3)
else pc++   */
```

for循环分为以下两类。

- **数值类的for循环**：循环变量以某个步长值递增，直到递增到某个值时退出for循环。
- **更通用的循环操作**：每次循环开始时调用一个函数，只有当返回值不为nil时，才继续进行循环。

涉及数字类循环的指令是OP_FORLOOP和IOP_FORPREP，其中后者负责循环的初始化操作，它只会在循环开始的时候执行一次。OP_FORLOOP则负责循环终止条件的判断，它会在每次循环操作开始前执行一次，如果已经不满足循环的执行条件，将会终止循环。

首先，来看OP_FORPREP指令，其参数的说明如表6-10所示。

表6-10　OP_FORPREP指令的参数及其说明

参　　数	说　　明
参数A	R(A)用于存放循环变量的初始值，R(A+1)用于存放循环终止值，R(A+2)用于存放循环步长值，R(A+3)用于存放循环变量
参数B	sBx参数存放紧跟着的OP_FORLOOP指令的偏移量
参数C	未使用

OP_FORPREP指令执行之前，会首先把3个变量准备在函数栈上，这3个变量以R(A)为起点，其中R(A)存放循环变量的初始值，R(A+1)存放循环终止值，R(A+2)存放循环步长值，R(A+3)存放循环变量。准备好这3个变量之后，首先将循环变量使用步长值进行一次计算，再根据sBx参数跳转到对应的OP_FORLOOP指令中。显然，在生成OP_FORPREP指令时，并不知道要跳转到的OP_FORLOOP指令的位置，因为这个时候这个指令没有生成，所以此时生成的跳转地址还是空悬的，需要在后面拿到地址之后进行回填操作。

再来看看OP_FORLOOP指令的格式，如表6-11所示。该指令的作用是，根据循环步长值来更新循环变量，判断循环条件是否终止，如果没有，就跳转到循环体，继续执行下一次循环，否则退出循环。

表6-11　OP_FORLOOP指令的参数及其说明

参　　数	说　　明
参数A	同OP_FORPREP指令
参数B	sBx参数用于存放循环体第一条指令的偏移量
参数C	未使用

这里sBx参数也是跳转地址，只不过此时变成了循环体的跳转偏移量了。

有了前面对这两个指令的分析，不难想象出来，针对数值类循环，其工作流程大体如下。

(1) 生成OP_FORPREP指令，用于初始化循环变量的初始值、结束值、步长值以及循环变量，这4个变量依次存放在以R(A)为起始位置的紧跟着的4个函数栈上。此时，OP_FORLOOP指令还未生成，因此在生成OP_FORLOOP指令时，sBx参数还是悬空的。

(2) 解析循环体，生成循环体的相关代码，记录循环体的第一条指令地址，这个位置就是第(1)步生成的OP_FORPREP指令的下一条指令，记为prep + 1。

(3) 生成OP_FORLOOP指令，但是在生成这个指令之前，将前面第(1)步悬空的sBx参数进行回填。
生成OP_FORLOOP指令时，同样这个指令的sBx参数也会进行一个跳转，这个跳转指向prep + 1。

在循环开始的准备阶段，首先执行OP_FORPREP指令，将循环变量减去步长值。需要注意的是，循环变量最开始的赋值并不在这里执行。然后，pc指针将根据sBx参数跳转到OP_FORLOOP指令中，再让循环变量加上步长值，这里一减一加，使得最后在初始化阶段循环变量的值并没有变化。之所以这样做，是因为OP_FORLOOP指令会在每次进入循环体时，首先加上步长值，再进行循环条件的判断。为了配合这一操作，所以在OP_FORPREP中首先减去了步长值。OP_FORLOOP指令在加上步长值之后，会对比循环终止的结束值与当前循环变量的大小，如果仍然可以继续进行循环操作，将把pc指针跳转回循环体的第一段指令，也就是OP_FORPREP的下一条指令，并且将R(A+3)使用R(A)来替换进行下一次的循环。

下面来看看这里使用的测试代码：

```
local a = 0; for i = 1, 100, 5 do a = a + i end;
```

使用ChunkSpy反编译后的结果如下：

```
; source chunk: luac.out
; x86 standard (32-bit, little endian, doubles)

; function [0] definition (level 1)
; 0 upvalues, 0 params, 5 stacks
.function  0 0 2 5
.local  "a"  ; 0
.local  "(for index)"  ; 1
.local  "(for limit)"  ; 2
.local  "(for step)"  ; 3
.local  "i"  ; 4
.const  0  ; 0
.const  1  ; 1
.const  100  ; 2
.const  5  ; 3
; (1)  local a = 0; for i = 1,100,5 do a = a + i end
[1] loadk      0  0        ; 0
[2] loadk      1  1        ; 1
[3] loadk      2  2        ; 100
[4] loadk      3  3        ; 5
[5] forprep    1  1        ; to [7]
[6] add        0  0   4
[7] forloop    1  -2       ; to [6] if loop
[8] return     0  1
; end of function
```

这里会创建几个额外的局部变量。可以看到，local(1)是循环变量，local(2)是循环的结束值，local(3)是循环的步长，local(4)是循环变量i。在开始循环之前，会依次对local(1)、local(2)、local(3)三个变量进行初始化赋值，但是变量i并没有做初始化赋值。如前面所说，循环变量真正的初始化操作是在指令forloop中进行的。

第[5]行的forprep指令首先将循环变量减去循环步长值，然后再跳转到第[7]行的forloop操作中，进行循环变量与循环结束值的判断，如果满足继续循环的条件，就将循环变量i真正赋值为这一次循环的值，同时跳转到第[6]行的循环体中执行循环操作。每次执行完循环，再次进入forloop指令中判断是否可以终止循环，以此类推。

除了数字型for循环，还有泛型for（generic for）循环，它通过迭代器（iterator）函数来遍历所有的值，对应的指令是OP_TFORLOOP指令：

```
OP_TFORLOOP,/* A C R(A+3), ... ,R(A+2+C) := R(A)(R(A+1), R(A+2));if R(A+3) ~= nil then R(A+2)=R(A+3)
else pc++   */
```

其作用是根据循环步长来更新循环变量，判断循环条件是否终止，如果没有，就跳转到循环体继续执行下一次循环，否则退出循环。相关参数及其说明如表6-12所示。

表6-12　OP_TFORLOOP指令的参数及其说明

参　数	说　明
参数A	R(A)存放迭代函数（iterator），R(A+1)存放当前循环的状态，R(A+2)存放循环遍历，调用后的返回值存放的位置以R(A+3)为起始位置，数量由参数C指定
参数B	未使用
参数C	指定返回值数量，至少为1

可以理解为，R(A+1)是每次循环时都不会变化的值，也就是循环变量的table；而R(A+2)则是每次循环时都会发生变化的值，也就是这次遍历到的table的索引值。

返回的值放在从R(A+3)到R(R+2+C)的变量中，因此该指令的参数C表示返回值的数量，至少为1。

如果返回的R(A+3)不为nil，那么将赋值给R(A+2)用于下一次循环，否则就将PC指针递增，跳过紧跟着的OP_JMP指令，退出循环。紧跟在后面的OP_JMP指令用于在满足继续循环条件的情况下跳转回循环体继续执行循环。换言之，每个OP_TFORLOOP指令都会紧跟着一条OP_JMP指令，用于跳转回去继续执行循环。

这里使用的测试代码是：

```
for k,v in pairs(t) do print(k,v) end
```

ChunkSpy输出为：

```
; source chunk: luac.out
; x86 standard (32-bit, little endian, doubles)

; function [0] definition (level 1)
; 0 upvalues, 0 params, 8 stacks
```

```
.function  0 0 2 8
.local  "(for generator)"  ; 0
.local  "(for state)"  ; 1
.local  "(for control)"  ; 2
.local  "k"  ; 3
.local  "v"  ; 4
.const  "pairs"  ; 0
.const  "t"  ; 1
.const  "print"  ; 2
; (1)  for k,v in pairs(t) do print(k,v) end
[01] getglobal  0    0          ; pairs
[02] getglobal  1    1          ; t
[03] call       0    2    4
[04] jmp        4               ; to [9]
[05] getglobal  5    2          ; print
[06] move       6    3
[07] move       7    4
[08] call       5    3    1
[09] tforloop   0         2     ; to [11] if exit
[10] jmp        -6              ; to [5]
[11] return     0    1
; end of function
```

下面简要解释一下上述代码。

- **第[01]~[04]行**：得到库函数pairs及其参数t。调用pairs函数的结果是得到这个函数返回的iterator函数，并将其存放在R(A)中，这里就是local(0)。紧跟着跳转到第[09]行，调用iterator函数，该函数的返回值将赋值给循环变量，做循环条件的判断。
- **第[05]~[08]行**：循环体。首先，得到库函数print。其次，使用两个move指令分别把local(3)和local(4)赋值给local(6)和local(7)，再使用它们调用print函数。而这里的local(3)和local(4)变量就是后面的tforloop函数在调用iterator函数之后的返回值。
- **第[09]行**：tforloop指令的A参数是0，C参数是2。也就是说，这里的iterator函数返回两个结果，分别存放在local(3)以及local(4)中，这与前面的分析一致。
- **第[10]行**：当上一条OP_TFORLOOP指令继续循环的条件满足，也就是返回的R(A+3)不为nil时，跳转回循环体再次执行循环。
- **第[11]行**：这里是这系列循环代码的下一条指令，当需要退出循环时，直接跳转到这里，终止循环。

这样，就完成了两种for循环指令的分析。

现在我们就可以看看处理for循环语句的代码，其EBNF语法是：

```
forstat -> FOR {fornum | forlist} END
fornum -> NAME = exp1,exp1[,exp1] forbody
forlist -> NAME {,NAME} IN explist1 forbody
```

这里forstat函数是处理for循环的入口函数，只要程序解析到关键字for就会进入这个函数，而fornum和forlist则分别是针对数字型和泛型for循环的处理。forstat函数的代码如下：

```
(lparser.c)
1112 static void forstat (LexState *ls, int line) {
1113   /* forstat -> FOR (fornum | forlist) END */
1114   FuncState *fs = ls->fs;
1115   TString *varname;
1116   BlockCnt bl;
1117   enterblock(fs, &bl, 1);  /* scope for loop and control variables */
1118   luaX_next(ls);  /* skip `for' */
1119   varname = str_checkname(ls);  /* first variable name */
1120   switch (ls->t.token) {
1121     case '=': fornum(ls, varname, line); break;
1122     case ',': case TK_IN: forlist(ls, varname); break;
1123     default: luaX_syntaxerror(ls, LUA_QL("=") " or " LUA_QL("in") " expected");
1124   }
1125   check_match(ls, TK_END, TK_FOR, line);
1126   leaveblock(fs);  /* loop scope (`break' jumps to this point) */
1127 }
```

可以看到，首先将解析第一个循环变量到varname中，然后根据下一个token的值进行不同的处理：如果是=号，则进入数值类for循环的处理；如果是,或者in，则进入list类for循环的处理；其他情况将报错。

首先，看看数字类for循环指令的处理代码：

```
(lparser.c)
1067 static void fornum (LexState *ls, TString *varname, int line) {
1068   /* fornum -> NAME = exp1,exp1[,exp1] forbody */
1069   FuncState *fs = ls->fs;
1070   int base = fs->freereg;
1071   new_localvarliteral(ls, "(for index)", 0);
1072   new_localvarliteral(ls, "(for limit)", 1);
1073   new_localvarliteral(ls, "(for step)", 2);
1074   new_localvar(ls, varname, 3);
1075   checknext(ls, '=');
1076   exp1(ls);  /* initial value */
1077   checknext(ls, ',');
1078   exp1(ls);  /* limit */
1079   if (testnext(ls, ','))
1080     exp1(ls);  /* optional step */
1081   else {  /* default step = 1 */
1082     luaK_codeABx(fs, OP_LOADK, fs->freereg, luaK_numberK(fs, 1));
1083     luaK_reserveregs(fs, 1);
1084   }
1085   forbody(ls, base, line, 1, 1);
1086 }
```

这里初始化了3个特殊的局部变量，分别命名为特殊的名字——"(for index)"、"(for limit)"和"(for step)"，这不是Lua代码能正常声明的变量名字。然后，紧跟着以循环变量的名字再创建一个局部变量。这4个变量依次在当前栈的0到3的位置。

接下来，会调用两次exp1函数：第一次调用时，会将循环变量的初始值存放到R(A)中；第二次调用时，会将结束值放到R(A+1)中。在没有第三个步长变量的情况下，默认使用步长1。紧跟着就是调用函数forbody来处理循环体了：

```
(lparser.c)
1046 static void forbody (LexState *ls, int base, int line, int nvars, int isnum) {
1047    /* forbody -> DO block */
1048    BlockCnt bl;
1049    FuncState *fs = ls->fs;
1050    int prep, endfor;
1051    adjustlocalvars(ls, 3);   /* control variables */
1052    checknext(ls, TK_DO);
1053    prep = isnum ? luaK_codeAsBx(fs, OP_FORPREP, base, NO_JUMP) : luaK_jump(fs);
1054    enterblock(fs, &bl, 0);   /* scope for declared variables */
1055    adjustlocalvars(ls, nvars);
1056    luaK_reserveregs(fs, nvars);
1057    block(ls);
1058    leaveblock(fs);   /* end of scope for declared variables */
1059    luaK_patchtohere(fs, prep);
1060    endfor = (isnum) ? luaK_codeAsBx(fs, OP_FORLOOP, base, NO_JUMP) :
1061                       luaK_codeABC(fs, OP_TFORLOOP, base, 0, nvars);
1062    luaK_fixline(fs, line);   /* pretend that `OP_FOR' starts the loop */
1063    luaK_patchlist(fs, (isnum ? endfor : luaK_jump(fs)), prep + 1);
1064 }
```

在这个函数中，参数base表示循环指令相关的几个变量的开始位置，也就是指令中的A地址；nvars表示循环变量的数量，对于数字类的for循环，这个变量只可能是1，对于其他类型的for循环，可能有多个；参数isnum表示这个循环是否是数值类的for循环。

进入forbody函数后，会根据nvars参数调整这个循环体的局部变量数量，其次就是根据这个for循环是不是数值类的循环来生成对应的指令，以及根据前面分析过的回填技术来回填调整地址。这里要回填的地址除了跳转指令外，OP_FORPREP和OP_TFORLOOP指令因为也需要改变PC指针，所以也需要进行回填。

泛型循环的处理函数在函数forlist中：

```
1089 static void forlist (LexState *ls, TString *indexname) {
1090    /* forlist -> NAME {,NAME} IN explist1 forbody */
1091    FuncState *fs = ls->fs;
1092    expdesc e;
1093    int nvars = 0;
1094    int line;
1095    int base = fs->freereg;
1096    /* create control variables */
1097    new_localvarliteral(ls, "(for generator)", nvars++);
1098    new_localvarliteral(ls, "(for state)", nvars++);
1099    new_localvarliteral(ls, "(for control)", nvars++);
1100    /* create declared variables */
1101    new_localvar(ls, indexname, nvars++);
```

```
1102    while (testnext(ls, ','))
1103      new_localvar(ls, str_checkname(ls), nvars++);
1104    checknext(ls, TK_IN);
1105    line = ls->linenumber;
1106    adjust_assign(ls, 3, explist1(ls, &e), &e);
1107    luaK_checkstack(fs, 3);  /* extra space to call generator */
1108    forbody(ls, base, line, nvars - 3, 0);
1109  }
```

6.7.3 其他循环

除了for循环外，还有使用while以及repeat关键字实现的循环。但是另外这几种的循环条件并不在for语句中判断，所以可以使用最简单的测试加跳转指令的组合来实现。

第三部分

独立功能的实现

在这一部分中，我们将讨论其他独立的主题，包括 GC（垃圾回收）算法、调试器工作原理、异常处理、协程等。

第 7 章
GC 算法

GC算法是除解释器之外阅读难度最大的部分，在阅读这部分代码时参考了云风的博客中关于Lua垃圾回收算法分析的系列文章，理清了其中的很多难点，才让后续的阅读难度降低了不少。

7.1 原理

GC算法的原理大体就是：遍历系统中的所有对象，看哪些对象没有被引用，没有引用关系的就认为是可以回收的对象，可以删除。

这里的关键在于，如何找出没有"引用"的对象。

使用引用计数的GC算法，会在一个对象被引用的情况下将该对象的引用计数加一，反之减一。如果引用计数为0，那么就是没有引用的对象。引用计数算法的优点是不需要扫描每个对象，对象本身的引用计数只需要减到0，就会被回收。缺点是会有循环引用问题。

另一种算法是标记清除算法（Mark and Sweep）。它的原理是每一次做GC的时候，首先扫描并且标记系统中的所有对象，被扫描并且标记到的对象认为是可达的（reachable），这些对象不会被回收；反之，没有被标记的对象认为是可以回收的。Lua采用的就是这种算法。

早期的Lua 5.0使用的是双色标记清除算法（Two-Color Mark and Sweep，如图7-1所示），该算法的原理是：系统中的每个对象非黑即白，也就是要么被引用，要么没有被引用。我们来简单看看这个算法的伪代码：

每个新创建的对象的颜色为白色

// 初始化阶段

遍历root链表中的对象，并将其加入到对象链表中

// 标记阶段
当对象链表中还有未扫描的元素：
　　从中取出一个对象并将其标记为黑色
　　遍历这个对象关联的其他所有对象：
　　　　标记为黑色

// 回收阶段
遍历所有对象：
　　如果为白色：
　　　　这些对象就是没有被引用的对象，逐个回收
　　否则：
　　　　这些对象是被引用的对象，重新加入对象链表中等待下一轮的GC检查

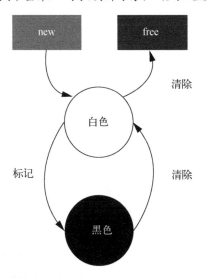

图7-1　双色标记清除算法，引用自http://wiki.luajit.org/New-Garbage-Collector

这个算法的缺陷在于，每个对象的状态是"二元"的，每个对象只可能有一种状态，不能有其他中间状态，这就要求这个算法每次做GC操作时不可被打断地一次性扫描并清除完所有对象。

下面来看看这个过程不能被打断的原因。如果在遍历对象链表时标记每个对象颜色的过程中被打断，此时新增了一个对象，那么应该将这个对象标记为白色还是黑色？如果标记为白色，假如GC已经到了回收阶段，那么这个对象就会在没有遍历其关联对象的情况下被回收；如果标记为黑色，假如GC已经到了回收阶段，那么这个对象在本轮GC中并没有被扫描就认为是不必回收的。可以看到，在双色标记清除算法中，标记阶段和回收阶段必须合在一起完成。

不能被打断，也就意味着每次GC操作的代价极大。在GC过程中，程序必须暂停下来，不能进行其他操作。

从Lua 5.1开始，Lua作者们采用了在该算法的基础上改进的三色增量标记清除算法（Tri-Color

Incremental Mark and Sweep）。与前面的算法相比，这个算法中每个对象的颜色多了一种（实际上，在Lua中是4种，后面再展开讨论）。这样的好处在于：它不必再要求GC一次性扫描完所有的对象，这个GC过程可以是增量的，可以被中断再恢复并继续进行的。3种颜色的分类如下。

- **白色**：当前对象为待访问状态，表示对象还没有被GC标记过，这也是任何一个对象创建后的初始状态。换言之，如果一个对象在结束GC扫描过程后仍然是白色，则说明该对象没有被系统中的任何一个对象所引用，可以回收其空间了。
- **灰色**：当前对象为待扫描状态，表示对象已经被GC访问过，但是该对象引用的其他对象还没有被访问到。
- **黑色**：当前对象为已扫描状态，表示对象已经被GC访问过，并且该对象引用的其他对象也被访问过了。

现在我们将这几个过程的操作和颜色的切换结合起来，如图7-2所示。

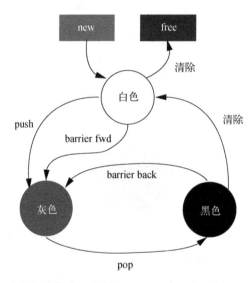

图7-2　三色标记垃圾回收算法，引用自http://wiki.luajit.org/New-Garbage-Collector

下面给出Lua 5.1的GC算法的伪代码:

每个新创建的对象颜色为白色

```
// 初始化阶段
遍历root节点中引用的对象，从白色置为灰色，并且放入到灰色节点列表中

// 标记阶段
当灰色链表中还有未扫描的元素:
    从中取出一个对象并将其标记为黑色
    遍历这个对象关联的其他所有对象:
        如果是白色:
```

　　　　　　标记为灰色，加入灰色链表中

```
// 回收阶段
遍历所有对象:
    如果为白色:
        这些对象都是没有被引用的对象, 逐个回收
    否则:
        重新加入对象链表中等待下一轮的GC检查
```

　　可以看到，引入了灰色节点的概念后，算法不再要求一次性完整执行完毕，而是可以把已经扫描但是其引用的对象还未被扫描的对象置为灰色。在标记阶段中，只要灰色节点集合中还有元素在，那么这个标记过程就会继续下去，即使中间被打断转而执行其他操作了，也没有关系。

　　然而即使是这样，却仍然有另一个没有解决的问题。从上面的算法可以看出，没有被引用的对象的颜色在扫描过程中始终保持不变，为白色。那么，假如一个对象在GC过程的标记阶段之后创建，根据前面对颜色的描述，它应该是白色的，这样在紧跟着的回收阶段，这个对象就会在没有被扫描标记的情况下被认为是没有被引用的对象而删除。

　　因此，Lua的GC算法除了前面的三色概念之外，又细分出来一个"双白色"的概念。简单地说，Lua中的白色分为"当前白色"（currentwhite）和"非当前白色"（otherwhite）。这两种白色的状态交替使用，第N次GC使用的是第一种白色，那么下一次就是另外一种，以此类推。

　　代码在回收时会做判断，如果某个对象的白色不是此次GC使用的白色状态，那么将不会认为是没有被引用的对象而回收，这样的白色对象将留在下一次GC中进行扫描，因为在下一次GC中上一次幸免的白色将成为这次的回收颜色。

7.2　数据结构

　　下面来看看针对GC的数据结构：

```
(lobject.h)
56 /*
57 ** Union of all Lua values
58 */
59 typedef union {
60   GCObject *gc;
61   void *p;
62   lua_Number n;
63   int b;
64 } Value;

133 /*
134 ** Union of all collectable objects
135 */
136 union GCObject {
137   GCheader gch;
138   union TString ts;
```

```
139    union Udata u;
140    union Closure cl;
141    struct Table h;
142    struct Proto p;
143    struct UpVal uv;
144    struct lua_State th;  /* thread */
145 };
```

可以看到，所有对象都有一个GCheader的公共头部，这里面包含的数据有：

```
(lobject.h)
39 /*
40 ** Common Header for all collectable objects (in macro form, to be
41 ** included in other objects)
42 */
43 #define CommonHeader  GCObject *next; lu_byte tt; lu_byte marked
44
45
46 /*
47 ** Common header in struct form
48 */
49 typedef struct GCheader {
50    CommonHeader;
51 } GCheader;
```

其中有3个元素。

❑ **next**：GCObject链表指针，这个指针将所有GC对象都链接在一起形成链表。

❑ **tt**：数据类型。

❑ **marked**：标记字段，用于存储前面提到的几种颜色。其具体值定义如下：

```
(lgc.h)
41 /*
42 ** Layout for bit use in `marked' field:
43 ** bit 0 - object is white (type 0)
44 ** bit 1 - object is white (type 1)
45 ** bit 2 - object is black
46 ** bit 3 - for userdata: has been finalized
47 ** bit 3 - for tables: has weak keys
48 ** bit 4 - for tables: has weak values
49 ** bit 5 - object is fixed (should not be collected)
50 ** bit 6 - object is "super" fixed (only the main thread)
51 */
52
53
54 #define WHITE0BIT  0
55 #define WHITE1BIT  1
56 #define BLACKBIT  2
57 #define FINALIZEDBIT  3
58 #define KEYWEAKBIT  3
59 #define VALUEWEAKBIT  4
60 #define FIXEDBIT  5
```

```
61 #define SFIXEDBIT 6
62 #define WHITEBITS bit2mask(WHITE0BIT, WHITE1BIT)
```

这里WHITE0BIT和WHITE1BIT就是前面提到的两种白色状态，称为0型白色和1型白色。当前的白色见global_State中的currentwhite，而otherwhite宏用于表示非当前GC将要回收的白色类型。切换白色，需要使用changewhite宏；要得到当前的白色状态，则使用luaC_white宏。

下面将与白色相关的一系列宏列举如下：

```
(lgc.h)
65 #define iswhite(x)        test2bits((x)->gch.marked, WHITE0BIT, WHITE1BIT)
69 #define otherwhite(g) (g->currentwhite ^ WHITEBITS)
70 #define isdead(g,v) ((v)->gch.marked & otherwhite(g) & WHITEBITS)
72 #define changewhite(x)  ((x)->gch.marked ^= WHITEBITS)
77 #define luaC_white(g) cast(lu_byte, (g)->currentwhite & WHITEBITS)
```

FINALIZEDBIT用于标记没有被引用需要回收的udata。udata的处理与其他数据类型不同，由于它是用户传入的数据，它的回收可能会调用用户注册的GC函数，所以统一来处理，7.2节将会谈到udata的数据处理。

KEYWEAKBIT和VALUEWEAKBIT用于标记弱表中键/值的weak属性。

FIXEDBIT和SFIXEDBIT用于表示该对象不可回收，其中FIXEDBIT仅用于lua_State对象自身的标记，而SFIXEDBIT标记了一系列Lua语法中的关键字对应的字符串为不可回收字符串，具体可以看看luaX_init函数的实现。

接着再来看看其中与GC相关的数据对象。

在保存全局状态的global_State结构体中，有以下几个与GC相关的数据成员。

❑ **lu_byte currentwhite**：存放当前GC的白色。
❑ **lu_byte gcstate**：存放GC状态，分别有以下几种：GCSpause（暂停阶段）、GCSpropagate（传播阶段，用于遍历灰色节点检查对象的引用情况）、GCSsweepstring（字符串回收阶段），GCSsweep（回收阶段，用于对除了字符串之外的所有其他数据类型进行回收）和GCSfinalize（终止阶段）。
❑ **int sweepstrgc**：字符串回收阶段，每次针对字符串散列桶的一组字符串进行回收，这个值用于记录对应的散列桶索引。
❑ **GCObject *rootgc**：存放待GC对象的链表，所有对象创建之后都会放入该链表中。
❑ **GCObject **sweepgc**：待处理的回收数据都存放在rootgc链表中，由于回收阶段不是一次性全部回收这个链表的所有数据，所以使用这个变量来保存当前回收的位置，下一次从这个位置开始继续回收操作。
❑ **int sweepstrgc**：存放下一个待回收的对象指针。

- ❑ **GCObject *gray**：存放灰色节点的链表。
- ❑ **GCObject *grayagain**：存放需要一次性扫描处理的灰色节点链表，也就是说，这个链表上所有数据的处理需要一步到位，不能被打断。
- ❑ **GCObject *weak**：存放弱表的链表。
- ❑ **GCObject *tmudata**：所有带有GC元方法的udata存放在一个链表中，这个成员指向这个链表的最后一个元素。
- ❑ **lu_mem GCthreshold**：开始进行GC的阈值，当totalbytes大于这个值时开始自动GC。
- ❑ **lu_mem totalbytes**：当前分配的内存大小。
- ❑ **lu_mem estimate**：一个估计值，用于保存实际在用的内存大小。
- ❑ **lu_mem gcdept**：用于在单次GC之前保存待回收的数据大小。
- ❑ **int gcpause**：用于控制下一轮GC开始的时机。
- ❑ **int gcstepmul**：控制GC的回收速度。

7.3 具体流程

了解了原理和总体流程，接下来可以展开具体的代码来分析了。

7.3.1 新创建对象

从前面的分析可以知道，对于每个新创建的对象，最基本的操作就是将对象的颜色设置为白色，意指本次GC还未扫描到的对象，同时将对象挂载到扫描过程会遍历的链表上。基本思想就是如此，但是针对不同的数据类型，会有不同的处理。

一般的数据类型调用的是luaC_link函数：

```
(lgc.c)
686 void luaC_link (lua_State *L, GCObject *o, lu_byte tt) {
687    global_State *g = G(L);
688    o->gch.next = g->rootgc;
689    g->rootgc = o;
690    o->gch.marked = luaC_white(g);
691    o->gch.tt = tt;
692 }
```

这个函数做的事情很简单：

- ❑ 将对象挂载到rootgc链表上；
- ❑ 设置颜色为白色；
- ❑ 设置数据的类型。

但是UpValue和udata类型的数据的创建过程有些不一样。

首先来看UpValue。新建一个UpValue类型的数据，调用的是luaC_linkupval函数：

```
(lgc.c)
695 void luaC_linkupval (lua_State *L, UpVal *uv) {
696   global_State *g = G(L);
697   GCObject *o = obj2gco(uv);
698   o->gch.next = g->rootgc;  /* link upvalue into `rootgc' list */
699   g->rootgc = o;
700   if (isgray(o)) {
701     if (g->gcstate == GCSpropagate) {
702       gray2black(o);  /* closed upvalues need barrier */
703       luaC_barrier(L, uv, uv->v);
704     }
705     else {  /* sweep phase: sweep it (turning it into white) */
706       makewhite(g, o);
707       lua_assert(g->gcstate != GCSfinalize && g->gcstate != GCSpause);
708     }
709   }
710 }
```

这里的疑问是，前面的数据类型在最开始的时候，都是将颜色设置为白色，而针对UpValue，则是根据颜色是不是灰色来做后面的一些操作。原因在于，UpValue是针对已有对象的间接引用，所以它的处理在对象颜色是灰色的情况下区分了两种情况。

- ❑ 如果当前在扫描阶段，那么将对象从灰色变成黑色。需要注意的是，到这一步需要加barrier。至于什么是barrier，7.3.3节会谈到。
- ❑ 如果不是在扫描阶段，都置为白色。第705行的注释说到这一步，将其回收，其实这个表达并不完全准确。这里置为白色，我的理解和创建其他类型数据的函数luaC_link一样，都是一个创建对象的正常流程。

再来看udata数据的创建：

```
(lstring.c)
 96 Udata *luaS_newudata (lua_State *L, size_t s, Table *e) {
 97   Udata *u;
 98   if (s > MAX_SIZET - sizeof(Udata))
 99     luaM_toobig(L);
100   u = cast(Udata *, luaM_malloc(L, s + sizeof(Udata)));
101   u->uv.marked = luaC_white(G(L));  /* is not finalized */
102   u->uv.tt = LUA_TUSERDATA;
103   u->uv.len = s;
104   u->uv.metatable = NULL;
105   u->uv.env = e;
106   /* chain it on udata list (after main thread) */
107   u->uv.next = G(L)->mainthread->next;
108   G(L)->mainthread->next = obj2gco(u);
109   return u;
110 }
```

任何时候创建的udata，在GC链表中都会放在mainthread之后。除此之外，这类型的数据与其他数据并无差别。之所以这么做,是因为udata是用户注册的C数据。在回收时,我们可能会调用用户注册的函数,此时就需要把这些udata统一放在一个地方来处理,这样做是为了方便编写代码。至于如何针对udata进行处理,后面的luaC_separateudata中将会谈到。

7.3.2   初始化阶段

接下来,进入具体的GC流程。前面提到过,Lua的GC过程是增量的、中间可以被打断的,每一次单独进入GC时,都会根据当前GC所处的阶段来进行不同的处理,这个入口函数是singlestep。

首先,来看初始化阶段做的操作,对应的代码是:

```
(lgc.c)
559   switch (g->gcstate) {
560     case GCSpause: {
561       markroot(L);  /* start a new collection */
562       return 0;
563     }
```

初始化阶段将mainthread、G表、registry表的对象进行标记,将它们的颜色从白色变成灰色,加入到gray链表中。初始化阶段的入口是markroot函数:

```
(lgc.c)
500 /* mark root set */
501 static void markroot (lua_State *L) {
502   global_State *g = G(L);
503   g->gray = NULL;
504   g->grayagain = NULL;
505   g->weak = NULL;
506   markobject(g, g->mainthread);
507   /* make global table be traversed before main stack */
508   markvalue(g, gt(g->mainthread));
509   markvalue(g, registry(L));
510   markmt(g);
511   g->gcstate = GCSpropagate;
512 }
```

其中markobject和markvalue函数都用于标记对象的颜色为灰色,不同的是前者是针对object而后者是针对TValue,它们最终都会调用reallymarkobject函数:

```
(lgc.c)
69 static void reallymarkobject (global_State *g, GCObject *o) {
70   lua_assert(iswhite(o) && !isdead(g, o));
71   white2gray(o);
72   switch (o->gch.tt) {
73     case LUA_TSTRING: {
74       return;
75     }
```

```
76      case LUA_TUSERDATA: {
77        Table *mt = gco2u(o)->metatable;
78        gray2black(o);  /* udata are never gray */
79        if (mt) markobject(g, mt);
80        markobject(g, gco2u(o)->env);
81        return;
82      }
83      case LUA_TUPVAL: {
84        UpVal *uv = gco2uv(o);
85        markvalue(g, uv->v);
86        if (uv->v == &uv->u.value)  /* closed? */
87          gray2black(o);  /* open upvalues are never black */
88        return;
89      }
90      case LUA_TFUNCTION: {
91        gco2cl(o)->c.gclist = g->gray;
92        g->gray = o;
93        break;
94      }
95      case LUA_TTABLE: {
96        gco2h(o)->gclist = g->gray;
97        g->gray = o;
98        break;
99      }
100     case LUA_TTHREAD: {
101       gco2th(o)->gclist = g->gray;
102       g->gray = o;
103       break;
104     }
105     case LUA_TPROTO: {
106       gco2p(o)->gclist = g->gray;
107       g->gray = o;
108       break;
109     }
110     default: lua_assert(0);
111   }
112 }
```

可以看到, 对于绝大部分类型的对象, 这里只是简单地将其颜色改变为灰色并加入到gray链表中, 但是有几个类型是区别处理的。

❑ 对于字符串类型的数据, 由于这种类型没有引用其他数据, 所以略过将其颜色改为灰色的流程, 直接将不是黑色的字符串对象回收即可。

❑ 对于udata类型的数据, 因为这种类型永远也不会引用其他数据, 所以这里也是一步到位, 直接将其标记为黑色。另外, 对于这种类型, 还需要标记对应的metatable和env表。

❑ 对于UpValue类型的数据, 如果当前是close状态的话, 那么该UpValue已经没有与其他数据的引用关系了, 可以直接标记为黑色。至于open状态的UpValue, 由于其引用状态可能会频繁发生变动, 所以留待后面的remarkupvals函数进行原子性的标记。

　　另外，需要注意的是，这里并没有对这个对象所引用的对象递归调用reallymarkobject函数进行标记，比如一个Table类型的对象，会引用到它的键和数据，而这里并没有针对这些对象继续调用而进行reallymarkobject函数标记。没有去标记引用对象的原因是，希望这个标记过程尽量快。

　　但并不是所有类型的对象都会这样处理，如果处理的是udata类型数据，就需要标记metatable和env表，因为除了这里之外并没有直接能访问到它的地方了。

7.3.3　扫描标记阶段

　　扫描阶段就是遍历灰色对象链表来分析对象的引用情况，这个阶段是GC所有阶段中步骤最长的。整个过程分为两部分。第一步首先遍历gray链表来标记所有数据，在这个过程中，有些数据需要重新扫描，这些数据会放在grayagain链表中，调用atomic函数重新进行扫描。而第二步则是遍历grayagain链表，一次性扫描其中的数据。

　　先来看看第一步扫描的代码：

```
(lgc.c)
564    case GCSpropagate: {
565      if (g->gray)
566        return propagatemark(g);
567      else {  /* no more `gray' objects */
568        atomic(L);  /* finish mark phase */
569        return 0;
570      }
571    }
```

　　这一步将扫描所有gray链表中的对象，将它们及其引用到的对象标记成黑色。需要注意的是，前面的初始化阶段是一次到位的，而这一步却可以多次进行，每次扫描之后会返回本次扫描标记的对象大小之和，其入口函数是propagatemark，再次扫描时，只要gray链表中还有待扫描的对象，就继续执行这个函数进行标记。当灰色链表已经遍历完毕时，进入atomic函数中完成标记阶段。

　　可以看到，第一步遍历gray链表中对象的处理是可以中断的，而第二步调用atomic函数的操作是原子的、不能被打断的，这也是atomic函数的名字由来。这是Lua 5.1的GC算法优于之前版本的GC算法的原因之一：可以增量地来进行数据扫描，不会因为一次GC扫描操作导致整个系统被卡住很久。

　　propagatemark函数与前面的reallymarkobject函数做的事情其实差不多，都是对对象标记颜色的动作。区别在于，这里将对象从灰色标记成黑色，表示这个对象及其所引用的对象都已经标记过。另一个区别在于，前面的流程不会递归对一个对象所引用的对象进行标记，而这里会根据不同的类型调用对应的traverse*函数进行标记。在实际工作中，对每种类型的对象的处理还不太一样，下面逐个类型来看看。

1. 扫描Table对象

在traversetable函数中，如果扫描到该表是弱表，那么将会把该对象加入weak链表中，这个链表将在扫描阶段的最后一步进行一次不能中断的处理，这部分将在后面谈到。同时，如果该表是弱表，那么将该对象回退到灰色状态，重新进行扫描。在不是弱表的情况下，将遍历标记表的散列部分及数组部分的所有元素。相关代码如下：

```
(lgc.c)
281    switch (o->gch.tt) {
282      case LUA_TTABLE: {
283        Table *h = gco2h(o);
284        g->gray = h->gclist;
285        if (traversetable(g, h))  /* table is weak? */
286          black2gray(o);  /* keep it gray */
287        return sizeof(Table) + sizeof(TValue) * h->sizearray +
288                          sizeof(Node) * sizenode(h);
289      }
```

2. 扫描函数对象

针对函数对象，进行处理的函数是traverseclosure，该函数主要是对函数中的所有UpValue进行标记。相关代码如下：

```
(lgc.c)
290      case LUA_TFUNCTION: {
291        Closure *cl = gco2cl(o);
292        g->gray = cl->c.gclist;
293        traverseclosure(g, cl);
294        return (cl->c.isC) ? sizeCclosure(cl->c.nupvalues) :
295                          sizeLclosure(cl->l.nupvalues);
296      }
```

3. 扫描线程对象

针对线程对象，这里的处理是将该对象从gclist中摘下来，放入grayagain链表中，同时将颜色退回到灰色，以备后面的原子阶段再做一次扫描。因为thread上关联的对象是Lua运行时的状态，变化很频繁，所以这里只是简单地放在grayagain链表中，后面再一次性标记完毕。相关代码如下：

```
(lgc.c)
297      case LUA_TTHREAD: {
298        lua_State *th = gco2th(o);
299        g->gray = th->gclist;
300        th->gclist = g->grayagain;
301        g->grayagain = o;
302        black2gray(o);
303        traversestack(g, th);
```

```
304    return sizeof(lua_State) + sizeof(TValue) * th->stacksize +
305                          sizeof(CallInfo) * th->size_ci;
306  }
```

4. 扫描proto对象

最后一种特殊类型是Proto类型，将会调用traverseproto函数标记一个Proto数据中的文件名、字符串、upvalue、局部变量等所有被引用的对象。

其余的类型，就是简单地调用gray2black将颜色从灰色置为黑色就好了。

5. barrier操作

到了这里，可以谈谈barrier操作了。

从前面的描述可以知道，分步增量式的扫描标记算法中间可以被打断以执行其他操作，此时就会出现新增加的对象与已经被扫描过的对象之间会有引用关系的变化，而算法中需要保证不会出现黑色对象引用的对象中有白色对象的情况，于是需要两种不同的处理。

- **标记过程向前走一步**。这种情况指的是，如果一个新创建对象的颜色是白色，而它被一个黑色对象引用了，那么将这个对象的颜色从白色变成灰色，也就是这个GC过程中的进度向前走了一步。
- **标记过程向后走一步**。与前面的情况一样，但是此时是将黑色的对象回退到灰色，也就是这个原先已经被标记为黑色的对象需要重新被扫描，这相当于在GC过程中向后走了一步。

在代码中，最终调用luaC_barrierf函数的都是向前走的操作；反之，调用luaC_barrierback的操作则是向后走的操作：

```
(lgc.h)
86 #define luaC_barrier(L,p,v) { if (valiswhite(v) && isblack(obj2gco(p)))  \
87   luaC_barrierf(L,obj2gco(p),gcvalue(v)); }
88
89 #define luaC_barriert(L,t,v) { if (valiswhite(v) && isblack(obj2gco(t)))  \
90   luaC_barrierback(L,t); }
91
92 #define luaC_objbarrier(L,p,o)  \
93   { if (iswhite(obj2gco(o)) && isblack(obj2gco(p))) \
94     luaC_barrierf(L,obj2gco(p),obj2gco(o)); }
95
96 #define luaC_objbarriert(L,t,o)  \
97   { if (iswhite(obj2gco(o)) && isblack(obj2gco(t))) luaC_barrierback(L,t); }
```

可以看到，回退操作仅针对Table类型的对象，而其他类型的对象都是向前操作。下面我们来看看这么做的原因。

Table是Lua中最常见的数据结构，而且一个Table与其关联的key、value之间是1比N的对应关系。如果针对Table对象做的是向前的标记操作，那么就意味着：但凡一个Table只要有新增的对象，都需要将这个新对象标记为灰色并加入gray链表中等待扫描。

实际上，这样会有不必要的开销。所以，针对Table类型的对象，使用的是针对该Table对象本身要做的向后操作，这样不论有多少个对象新增到Table中，只要改变了一次，就将这个Table对象回退到灰色状态，等待重新扫描。但是这里需要注意的是，对Table对象进行回退操作时，并不是将它放入gray链表中，因为这样做实际上还会出现前面提到的多次反复标记的问题。针对Table对象，对它执行回退操作，是将它加入到grayagain链表中，用于在扫描完毕gray链表之后再进行一次性的原子扫描：

```
(lgc.c)
675 void luaC_barrierback (lua_State *L, Table *t) {
676   global_State *g = G(L);
677   GCObject *o = obj2gco(t);
678   lua_assert(isblack(o) && !isdead(g, o));
679   lua_assert(g->gcstate != GCSfinalize && g->gcstate != GCSpause);
680   black2gray(o);  /* make table gray (again) */
681   t->gclist = g->grayagain;
682   g->grayagain = o;
683 }
```

可以看到，需要进行barrierback操作的对象，最后并没有如新建对象那样加入gray链表中，而是加入grayagain列表中，避免一个对象频繁地进行“被回退-扫描-回退-扫描”过程。既然需要重新扫描，那么一次性地放在grayagain链表中就可以了。至于如何回收grayagain链表中的数据，下面将说明。

而相对地，向前的操作就简单多了：

```
(lgc.c)
662 void luaC_barrierf (lua_State *L, GCObject *o, GCObject *v) {
663   global_State *g = G(L);
664   lua_assert(isblack(o) && iswhite(v) && !isdead(g, v) && !isdead(g, o));
665   lua_assert(g->gcstate != GCSfinalize && g->gcstate != GCSpause);
666   lua_assert(ttype(&o->gch) != LUA_TTABLE);
667   /* must keep invariant? */
668   if (g->gcstate == GCSpropagate)
669     reallymarkobject(g, v);  /* restore invariant */
670   else  /* don't mind */
671     makewhite(g, o);  /* mark as white just to avoid other barriers */
672 }
```

这里只要当前的GC没有在扫描标记阶段，就标记这个对象，否则将对象标记为白色，等待下一次的GC。

当gray链表中没有对象时，并不能马上进入下一个阶段，这是因为前面还有未处理的数据，这一步需要一次性不被中断地完成，其入口是atomic函数。

前面提到Lua的增量式GC算法分为多个阶段，可以被中断，然而这一步则例外。这一步将处理弱表链表和前面提到的grayagain链表，是扫描阶段的最后一步，不可中断：

```
(lgc.c)
525 static void atomic (lua_State *L) {
526    global_State *g = G(L);
527    size_t udsize;  /* total size of userdata to be finalized */
528    /* remark occasional upvalues of (maybe) dead threads */
529    remarkupvals(g);
530    /* traverse objects cautch by write barrier and by 'remarkupvals' */
531    propagateall(g);
532    /* remark weak tables */
533    g->gray = g->weak;
534    g->weak = NULL;
535    lua_assert(!iswhite(obj2gco(g->mainthread)));
536    markobject(g, L);  /* mark running thread */
537    markmt(g);  /* mark basic metatables (again) */
538    propagateall(g);
539    /* remark gray again */
540    g->gray = g->grayagain;
541    g->grayagain = NULL;
542    propagateall(g);
543    udsize = luaC_separateudata(L, 0);  /* separate userdata to be finalized */
544    marktmu(g);  /* mark `preserved' userdata */
545    udsize += propagateall(g);  /* remark, to propagate `preserveness' */
546    cleartable(g->weak);  /* remove collected objects from weak tables */
547    /* flip current white */
548    g->currentwhite = cast_byte(otherwhite(g));
549    g->sweepstrgc = 0;
550    g->sweepgc = &g->rootgc;
551    g->gcstate = GCSsweepstring;
552    g->estimate = g->totalbytes - udsize;  /* first estimate */
553 }
```

在这个函数中，我们分别做了以下几个操作。

❑ 调用remarkupvals函数去标记open状态的UpValue，这一步完毕之后，gray链表又会有新的对象，于是需要调用propagateall再次将gray链表中的对象标记一下。

❑ 修改gray链表指针，使其指向管理弱表的weak指针，同时标记当前的Lua_State指针以及基本的meta表。

❑ 修改gray链表指针指向grayagain指针，同样是调用propagateall函数进行遍历扫描操作。

❑ 调用luaC_separateudata对udata进行处理。

❑ 在第548行，还将当前白色类型切换到了下一次GC操作的白色类型。

❑ 修改状态到下个回收阶段。

现在就可以谈谈前面提到的对udata进行处理的luaC_separateudata函数了：

```
(lgc.c)
128 size_t luaC_separateudata (lua_State *L, int all) {
```

```
129    global_State *g = G(L);
130    size_t deadmem = 0;
131    GCObject **p = &g->mainthread->next;
132    GCObject *curr;
133    while ((curr = *p) != NULL) {
134      if (!(iswhite(curr) || all) || isfinalized(gco2u(curr)))
135        p = &curr->gch.next;  /* don't bother with them */
136      else if (fasttm(L, gco2u(curr)->metatable, TM_GC) == NULL) {
137        markfinalized(gco2u(curr));  /* don't need finalization */
138        p = &curr->gch.next;
139      }
140      else {  /* must call its gc method */
141        deadmem += sizeudata(gco2u(curr));
142        markfinalized(gco2u(curr));
143        *p = curr->gch.next;
144        /* link `curr' at the end of `tmudata' list */
145        if (g->tmudata == NULL)  /* list is empty? */
146          g->tmudata = curr->gch.next = curr;  /* creates a circular list */
147        else {
148          curr->gch.next = g->tmudata->gch.next;
149          g->tmudata->gch.next = curr;
150          g->tmudata = curr;
151        }
152      }
153    }
154    return deadmem;
155  }
```

它主要对mainthread之后的对象进行遍历（前面谈到了将udata放在mainthread之后，这是为了统一放在一个地方，方便处理），然后进行如下的操作。

❑ 如果该对象不需要回收，就继续处理下一个对象。
❑ 否则，先看该对象有没有注册GC函数，如果没有，就直接标记该对象的状态是finalized。
❑ 否则，除了标记该对象为finalized之外，还将这些对象加入tmudata链表中。同样，这里将udata放在一个链表中也是为了统一处理，后面将会提到finalized状态的处理。

7.3.4 回收阶段

回收阶段分为两步，一步是针对字符串类型的回收，另一步则是针对其他类型对象的回收：

```
(lgc.c)
572    case GCSsweepstring: {
573      lu_mem old = g->totalbytes;
574      sweepwholelist(L, &g->strt.hash[g->sweepstrgc++]);
575      if (g->sweepstrgc >= g->strt.size)  /* nothing more to sweep? */
576        g->gcstate = GCSsweep;  /* end sweep-string phase */
577      lua_assert(old >= g->totalbytes);
578      g->estimate -= old - g->totalbytes;
579      return GCSWEEPCOST;
580    }
```

```
581    case GCSsweep: {
582      lu_mem old = g->totalbytes;
583      g->sweepgc = sweeplist(L, g->sweepgc, GCSWEEPMAX);
584      if (*g->sweepgc == NULL) {  /* nothing more to sweep? */
585        checkSizes(L);
586        g->gcstate = GCSfinalize;  /* end sweep phase */
587      }
588      lua_assert(old >= g->totalbytes);
589      g->estimate -= old - g->totalbytes;
590      return GCSWEEPMAX*GCSWEEPCOST;
591    }
```

针对字符串类型的数据，每次调用sweepwholelist函数回收字符串散列桶数组中的一个字符串链表，其中每次操作的散列桶索引值存放在sweepstrgc变量中。当所有字符串散列桶数据全部遍历完毕时，切换到下一个状态GCSsweep进行其他数据的回收。

对于其他类型数据的回收，我们调用sweeplist函数进行：

```
(lgc.c)
407 static GCObject **sweeplist (lua_State *L, GCObject **p, lu_mem count) {
408   GCObject *curr;
409   global_State *g = G(L);
410   int deadmask = otherwhite(g);
411   while ((curr = *p) != NULL && count-- > 0) {
412     if (curr->gch.tt == LUA_TTHREAD)  /* sweep open upvalues of each thread */
413       sweepwholelist(L, &gco2th(curr)->openupval);
414     if ((curr->gch.marked ^ WHITEBITS) & deadmask) {  /* not dead? */
415       lua_assert(!isdead(g, curr) || testbit(curr->gch.marked, FIXEDBIT));
416       makewhite(g, curr);  /* make it white (for next cycle) */
417       p = &curr->gch.next;
418     }
419     else {  /* must erase `curr' */
420       lua_assert(isdead(g, curr) || deadmask == bitmask(SFIXEDBIT));
421       *p = curr->gch.next;
422       if (curr == g->rootgc)  /* is the first element of the list? */
423         g->rootgc = curr->gch.next;  /* adjust first */
424       freeobj(L, curr);
425     }
426   }
427   return p;
428 }
```

可以看到，这里我们首先拿到otherwhite，这表示本次GC操作不可以被回收的白色类型。后面就是依次遍历链表中的数据，判断每个对象的白色是否满足被回收的颜色条件。

7.3.5　结束阶段

万里长征，走到了最后一步回收阶段，这一阶段主要针对tmudata链表进行处理，在所有数据都处理完毕后，重新将GC状态切换到暂停状态，这表示下一次新的GC可以开始了。相关代码如下：

```
(lgc.c)
592    case GCSfinalize: {
593      if (g->tmudata) {
594        GCTM(L);
595        if (g->estimate > GCFINALIZECOST)
596          g->estimate -= GCFINALIZECOST;
597        return GCFINALIZECOST;
598      }
599      else {
600        g->gcstate = GCSpause;  /* end collection */
601        g->gcdept = 0;
602        return 0;
603      }
604    }
```

到了结束阶段，其实也可以中断。只要tmudata链表中还有对象，就一直调用GCTM函数来处理。前面提到，tmudata链表是用来存放所有自带GC元方法的udata对象，因此这里的工作就是调用这些注册的GC元方法进行对象回收：

```
(lgc.c)
445 static void GCTM (lua_State *L) {
446   global_State *g = G(L);
447   GCObject *o = g->tmudata->gch.next;  /* get first element */
448   Udata *udata = rawgco2u(o);
449   const TValue *tm;
450   /* remove udata from `tmudata' */
451   if (o == g->tmudata)  /* last element? */
452     g->tmudata = NULL;
453   else
454     g->tmudata->gch.next = udata->uv.next;
455   udata->uv.next = g->mainthread->next;  /* return it to `root' list */
456   g->mainthread->next = o;
457   makewhite(g, o);
458   tm = fasttm(L, udata->uv.metatable, TM_GC);
459   if (tm != NULL) {
460     lu_byte oldah = L->allowhook;
461     lu_mem oldt = g->GCthreshold;
462     L->allowhook = 0;  /* stop debug hooks during GC tag method */
463     g->GCthreshold = 2*g->totalbytes;  /* avoid GC steps */
464     setobj2s(L, L->top, tm);
465     setuvalue(L, L->top+1, udata);
466     L->top += 2;
467     luaD_call(L, L->top - 2, 0);
468     L->allowhook = oldah;  /* restore hooks */
469     g->GCthreshold = oldt;  /* restore threshold */
470   }
471 }
```

GCTM函数的主要逻辑就是循环遍历tmudata链表中的对象，针对每个对象调用fasttm函数，其中会使用GC元方法来进行对象的回收。

当所有操作都完成，tmudata链表中不再有对象了，此时一个GC的完整流程就走完了，Lua

将GC状态切换到GCSpause，等待下一次的GC操作。

7.4   进度控制

前面完成了GC的全流程分析，下面来看看Lua中是根据什么参数来控制回收进度的。

在Lua代码中，有两种回收方式，一种是自动回收，一种是由用户自己调用API来触发一次回收。

自动回收会在每次调用内存分配相关的操作时检查是否满足触发条件，这个操作在宏luaC_checkGC中进行：

```
(lgc.h)
80 #define luaC_checkGC(L) { \
81   condhardstacktests(luaD_reallocstack(L, L->stacksize - EXTRA_STACK - 1)); \
82   if (G(L)->totalbytes >= G(L)->GCthreshold) \
83   luaC_step(L); }
```

可以看到，触发自动化GC的条件就是：totalbytes大于等于GCthreshold值。在这两个变量中，totalbytes用于保存当前分配的内存大小，而GCthreshold保存的是一个阈值，这个值可以由一些参数影响和控制，由此改变触发的条件。

由于自动GC会在使用者不知道的情况下触发，不太可控，因而很多人选择关闭它，具体操作就是通过将GCthreshold设置为一个非常大的值来达到一直不满足自动触发条件。

接下来，看看手动GC受哪些参数影响。首先，estimate和gcpause两个成员将影响每次GCthreshold的值：

```
(lgc.c)
59 #define setthreshold(g)  (g->GCthreshold = (g->estimate/100) * g->gcpause)
```

这里estimate是一个预估的当前使用的内存数量，而gcpause则是一个百分比，这个宏的作用就是按照估计值的百分比计算出新的阈值来。其中，gcpause通过lua_gc这个C接口来进行设置。可以看到，百分比越大，下一次开始GC的时间就会越长。

另一个影响GC进度的参数是gcstepmul成员，它同样可以通过lua_gc来设置。这个参数将影响每次手动GC时调用singlestep函数的次数，从而影响到GC回收的速度：

```
(lgc.c)
610 void luaC_step (lua_State *L) {
611   global_State *g = G(L);
612   l_mem lim = (GCSTEPSIZE/100) * g->gcstepmul;
613   if (lim == 0)
614     lim = (MAX_LUMEM-1)/2;  /* no limit */
615   g->gcdept += g->totalbytes - g->GCthreshold;
616   do {
```

```
617    lim -= singlestep(L);
618    if (g->gcstate == GCSpause)
619      break;
620  } while (lim > 0);
621  if (g->gcstate != GCSpause) {
622    if (g->gcdept < GCSTEPSIZE)
623      g->GCthreshold = g->totalbytes + GCSTEPSIZE;  /* - lim/g->gcstepmul;*/
624    else {
625      g->gcdept -= GCSTEPSIZE;
626      g->GCthreshold = g->totalbytes;
627    }
628  }
629  else {
630    lua_assert(g->totalbytes >= g->estimate);
631    setthreshold(g);
632  }
633 }
```

下面简要说明这个函数中各行代码的作用。

❑ 第612~614行：GCSTEPSIZE是一个宏，表示每次GC的步长大小。使用这个宏以及gcstepmul参数，可以计算出这一次回收计划至少回收的内存数量。

❑ 第615行：gcdept用于在每次回收之前累加当前使用内存到阈值之间的差值，用于后面计算下一次触发GC的阈值。

❑ 第616~620行：当计划待回收内存还没有回收完之前，一直循环调用singlestep函数来进行回收，除非这里完成了完整的GC。

❑ 第621~631行：完成回收之后，设置下一次触发回收操作的阈值。如果此时状态不是GCSpause，那么表示没有完成一个GC，此时分两种情况来处理：如果前面保存的gcdept太小，小于GCSTEPSIZE，那么下一次阈值就设置得比当前使用内存大GCSTEPSIZE，即只要再多分配GCSTEPSIZE的内存就会再次触发GC；否则将gcdept减去GCSTEPSIZE，将GCthreshold设置得跟totalbytes一样，以求尽快触发下一次GC。如果完成了一个GC，那么调用setthreshold来计算下一次GC的阈值。可以看到，setthreshold只会在一次GC完成之后被调用，而不会影响没有完成的GC全流程。因此，setthreshold影响的是两次完整GC之间的时长。而gcdept参数会在每次GC完毕之后重新清零，它用于保存一次完整GC的内部状态。

同时，还需要注意的一点是，这个过程会改变GCthreshold的值，所以如果希望关闭自动GC，还需要在手动执行完一次GC之后重新设置关闭自动GC。

第 8 章
环境与模块

在不同的上下文中，代码所能访问到的数据也不同。本章首先分析影响环境的几种变量，接着介绍模块。模块是本章的另一个重点。这里会分析模块的加载和编写原理，了解了这些，热更新机制就更容易理解了。

8.1 环境相关的变量

这里首先分析几个与环境相关的特殊变量——Global表、env表、registry表以及UpValue。关于前3个表，需要注意以下几点。

□ Global表存放在lua_State结构体中，也称为G表。每个lua_State结构体都有一个对应的G表。不用多说，这个表就是存放全局变量的。

□ env表存放在Closure结构体中，也就是每个函数有自己独立的一个环境。

□ registry表是全局唯一的，它存放在global_State结构体中，这个结构体在整个运行环境中只有一个。

这几个表的作用分别是什么呢？

在讲解OP_GETGLOBAL以及OP_SETGLOBAL指令时说到，查找一个全局变量的操作，其实更精确地说，是在当前函数的env表中查找：

```
(lvm.c)
428        case OP_GETGLOBAL: {
429          TValue g;
430          TValue *rb = KBx(i);
431          sethvalue(L, &g, cl->env);
432          lua_assert(ttisstring(rb));
```

```
433        Protect(luaV_gettable(L, &g, rb, ra));
434        continue;
435      }

440      case OP_SETGLOBAL: {
441        TValue g;
442        sethvalue(L, &g, cl->env);
443        lua_assert(ttisstring(KBx(i)));
444        Protect(luaV_settable(L, &g, KBx(i), ra));
445        continue;
446      }
```

可以看到，这两个操作都是到函数对应的Closure指针中的env表去查询数据。这里仍然需要提醒一下前面提到的一点，即使对一个没有任何函数的代码而言，分析完毕之后都对应一个Closure。因此，这里提到的"当前函数环境"，指的不一定是某一个具体的函数，也可能是一个Lua文件。

Lua提供了几个API来读取当前函数的环境，分别是getfenv和setfenv。

因此，如果执行以下代码：

```
setfenv(1,{})
print(a)
```

实际上找不到Lua标准库提供的print函数，并且会提示报错attempt to call global 'print' (a nil value)。原因就是首先使用setfenv函数将当前函数的env表置为一个空表，此时在当前函数的env表中查找不到这个名字的函数。

下面来看看函数的env表是如何创建的。在创建一个Closure对象时，都会调用getcurrenv函数来获取当前的环境表：

```
(lapi.c)
79 static Table *getcurrenv (lua_State *L) {
80   if (L->ci == L->base_ci)  /* no enclosing function? */
81     return hvalue(gt(L));  /* use global table as environment */
82   else {
83     Closure *func = curr_func(L);
84     return func->c.env;
85   }
86 }
```

它将区分如下两种情况。

❑ 如果该函数不是内嵌函数，那么直接返回G表。
❑ 否则，如果是内嵌函数，就返回其母函数的env表。

在创建一个新的Closure时，会调用这个函数返回的结果，对新的Closure的环境进行赋值。这里可以看出，env表会逐层继承。

接着来看看registry表的作用，该表存放在global_State结构体中，因此里面的内容可供多个lua_State访问。另外，这个表只能由C代码访问，Lua代码不能访问。除此之外，它和普通的表没有什么区别。

但是需要注意的是，使用普通的对表进行赋值的API对registry表进行赋值时，应该使用字符串类型的键。Lua API中对外提供了接口lua_ref、lua_unref和lua_getref，用于提供在registry表中存取唯一的数字键。通过这组API，使用者不需要关心给某个需要存放到registry表的数据如何分配一个全局唯一的键，由Lua解释器自己来保证这一点：

```
(lauxlib.h)
162 #define lua_ref(L,lock) ((lock) ? luaL_ref(L, LUA_REGISTRYINDEX) : \
163     (lua_pushstring(L, "unlocked references are obsolete"), lua_error(L), 0))
164
165 #define lua_unref(L,ref)        luaL_unref(L, LUA_REGISTRYINDEX, (ref))
166
167 #define lua_getref(L,ref)       lua_rawgeti(L, LUA_REGISTRYINDEX, (ref))
```

接着来看看这里面luaL_ref和luaL_unref函数的实现。需要说明的是，在调用luaL_ref函数之前，需要存放的数据已经位于栈顶：

```
(lauxlib.c)
481 LUALIB_API int luaL_ref (lua_State *L, int t) {
482   int ref;
483   t = abs_index(L, t);
484   if (lua_isnil(L, -1)) {
485     lua_pop(L, 1);  /* remove from stack */
486     return LUA_REFNIL;  /* `nil' has a unique fixed reference */
487   }
488   lua_rawgeti(L, t, FREELIST_REF);  /* get first free element */
489   ref = (int)lua_tointeger(L, -1);  /* ref = t[FREELIST_REF] */
490   lua_pop(L, 1);  /* remove it from stack */
491   if (ref != 0) {  /* any free element? */
492     lua_rawgeti(L, t, ref);  /* remove it from list */
493     lua_rawseti(L, t, FREELIST_REF);  /* (t[FREELIST_REF] = t[ref]) */
494   }
495   else {  /* no free elements */
496     ref = (int)lua_objlen(L, t);
497     ref++;  /* create new reference */
498   }
499   lua_rawseti(L, t, ref);
500   return ref;
501 }
502
503
504 LUALIB_API void luaL_unref (lua_State *L, int t, int ref) {
505   if (ref >= 0) {
506     t = abs_index(L, t);
507     lua_rawgeti(L, t, FREELIST_REF);
508     lua_rawseti(L, t, ref);  /* t[ref] = t[FREELIST_REF] */
509     lua_pushinteger(L, ref);
```

```
510      lua_rawseti(L, t, FREELIST_REF);  /* t[FREELIST_REF] = ref */
511    }
512 }
```

这里的设计其实很巧妙,仅使用一个数组就模拟了一个链表的实现,其原理如下。

- ❏ FREELIST_REF用于保存当前registry表中可用键的索引,每次需要存储之前,都会先到这里拿到当前存放的值。
- ❏ 如果拿出来的值是0,说明当前的freelist中还没有数据,直接返回当前registry表的数据量作为新的索引。
- ❏ 当调用luaL_unref释放一个索引值的时候,将该索引值返回FREELIST_REF链表中。

图8-1演示了分配可用索引前后freelist的变化。

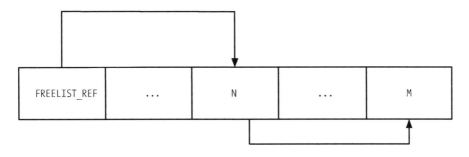

分配可用索引之前:t[FREELIST_REF]=t[N]=t[M]

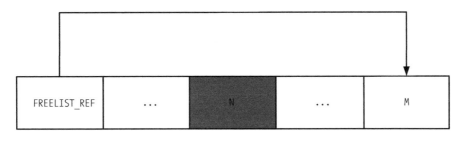

分配可用索引之后,N被分配出去:t[FREELIST_REF]=t[N]=t[M]

图8-1　分配可用索引前后freelist的变化

最后来看UpValue。前面谈到,registry表提供的是全局变量的存储,env表提供的是函数内全局变量的存储,而UpValue用于提供函数内静态变量的存储,这些变量存储的地方,倒不是某个特殊的表,其实就是换算成对应的UpValue的索引值来访问函数的UpValue数组而已。

接着我们来看一个关键的函数index2adr,这个函数集中处理了所有索引值转换为栈地址值的操作,不论该索引是栈上元素的索引,还是前面这几种特殊变量的索引:

```
(lua.h)
36 #define LUA_REGISTRYINDEX    (-10000)
37 #define LUA_ENVIRONINDEX     (-10001)
38 #define LUA_GLOBALSINDEX     (-10002)
39 #define lua_upvalueindex(i) (LUA_GLOBALSINDEX-(i))

(lapi.c)
49 static TValue *index2adr (lua_State *L, int idx) {
50   if (idx > 0) {
51     TValue *o = L->base + (idx - 1);
52     api_check(L, idx <= L->ci->top - L->base);
53     if (o >= L->top) return cast(TValue *, luaO_nilobject);
54     else return o;
55   }
56   else if (idx > LUA_REGISTRYINDEX) {
57     api_check(L, idx != 0 && -idx <= L->top - L->base);
58     return L->top + idx;
59   }
60   else switch (idx) {  /* pseudo-indices */
61     case LUA_REGISTRYINDEX: return registry(L);
62     case LUA_ENVIRONINDEX: {
63       Closure *func = curr_func(L);
64       sethvalue(L, &L->env, func->c.env);
65       return &L->env;
66     }
67     case LUA_GLOBALSINDEX: return gt(L);
68     default: {
69       Closure *func = curr_func(L);
70       idx = LUA_GLOBALSINDEX - idx;
71       return (idx <= func->c.nupvalues)
72                 ? &func->c.upvalue[idx-1]
73                 : cast(TValue *, luaO_nilobject);
74     }
75   }
76 }
```

这段代码的逻辑主要是根据传入的idx的几种情况,分别返回不同的值。

❑ 如果idx>0,那么以idx值为索引,返回基于lua_State的base指针的值,也就是相对于栈底向上的偏移值。

❑ 如果idx>LUA_REGISTRYINDEX,则以idx值为索引,返回基于lua_State的top指针的值,也就是相对于栈顶向下的偏移值。

❑ 如果是LUA_REGISTRYINDEX,那么返回registry表。

❑ 如果是LUA_ENVIRONINDEX,那么返回当前函数的env表。

❑ 如果是LUA_GLOBALSINDEX,那么返回Global表。

❑ 如果以上都不符合,那么将根据情况返回当前函数的upvalue数组中的值。

8.2 模块

这一节将讲解Lua模块相关的知识点，首先介绍模块的加载、编写等原理，然后介绍热更新原理。

8.2.1 模块的加载

在Lua内部，所有模块的注册都在linit.c的函数luaL_openlibs中提供。可以看到，它依次访问lualibs数组中的成员，这些成员定义了每个模块的模块名及相应的模块注册函数，依次调用每个模块的注册函数完成模块的注册：

```
(linit.c)
17 static const luaL_Reg lualibs[] = {
18   {"", luaopen_base},
19   {LUA_LOADLIBNAME, luaopen_package},
20   {LUA_TABLIBNAME, luaopen_table},
21   {LUA_IOLIBNAME, luaopen_io},
22   {LUA_OSLIBNAME, luaopen_os},
23   {LUA_STRLIBNAME, luaopen_string},
24   {LUA_MATHLIBNAME, luaopen_math},
25   {LUA_DBLIBNAME, luaopen_debug},
26   {NULL, NULL}
27 };
28
29
30 LUALIB_API void luaL_openlibs (lua_State *L) {
31   const luaL_Reg *lib = lualibs;
32   for (; lib->func; lib++) {
33     lua_pushcfunction(L, lib->func);
34     lua_pushstring(L, lib->name);
35     lua_call(L, 1, 0);
36   }
37 }
```

结构体luaL_Reg有两个变量，分别是模块名以及模块初始化函数。可以看到，第一个模块是base模块，其模块名是一个空字符串，因此访问这个模块的函数不需要加模块名前缀，比如我们熟悉的print函数就是属于这个模块的。这就是在调用print函数时，不需要在前面加模块名前缀的原因。这里就以base模块为例来讲解模块的注册过程。

加载base模块最终会调用base_open函数，下面我们看看这个函数里面最核心的几行代码：

```
(lbaselib.c)
626 static void base_open (lua_State *L) {
627   /* set global _G */
628   lua_pushvalue(L, LUA_GLOBALSINDEX);
629   lua_setglobal(L, "_G");
630   /* open lib into global table */
631   luaL_register(L, "_G", base_funcs);
```

最开始的两句首先将LUA_GLOBALSINDEX对应的值压入栈中，接着调用lua_setglobal(L, "_G");，即当在lua_State的l_gt表中查找"_G"时，查找到的是索引值为LUA_GLOBALSINDEX的表。如果觉得有点绕，可以简单理解为，在G表满足这个等式_G = _G["_G"]。也就是这个叫_G的表内部有一个key为"_G"的表是指向自己的。可以在Lua命令行中执行print(_G)和print(_G["_G"])看看输出结果，来验证一下这个结论。

我猜想这么处理的理由是：为了让G表和其他表使用同样的机制。查找变量时，最终会一直顺着层次往上查到G表中，这是很自然的事情。所以，为了也能按照这个机制顺利地查找到自己，于是在G表中有一个同名成员指向自己。

好了，前两句的作用已经分析完毕，其结果有以下两个：

❑ _G = _G["_G"]
❑ _G表的值压入函数栈中方便后面的调用。

所以，这个G表的注册操作需要在所有模块注册之前进行。

在第631行中，base_funcs也是一个luaL_Reg数组，上面的操作会将base_funcs数组中的函数注册到G表中，但是里面还有些细节需要看看。这个操作最终会调用函数luaI_openlib：

```
(lauxlib.c)
242 LUALIB_API void luaI_openlib (lua_State *L, const char *libname,
243                               const luaL_Reg *l, int nup) {
244   if (libname) {
245     int size = libsize(l);
246     /* check whether lib already exists */
247     luaL_findtable(L, LUA_REGISTRYINDEX, "_LOADED", 1);
248     lua_getfield(L, -1, libname);  /* get _LOADED[libname] */
249     if (!lua_istable(L, -1)) {  /* not found? */
250       lua_pop(L, 1);  /* remove previous result */
251       /* try global variable (and create one if it does not exist) */
252       if (luaL_findtable(L, LUA_GLOBALSINDEX, libname, size) != NULL)
253         luaL_error(L, "name conflict for module " LUA_QS, libname);
254       lua_pushvalue(L, -1);
255       lua_setfield(L, -3, libname);  /* _LOADED[libname] = new table */
256     }
257     lua_remove(L, -2);  /* remove _LOADED table */
258     lua_insert(L, -(nup+1));  /* move library table to below upvalues */
259   }
260   for (; l->name; l++) {
261     int i;
262     for (i=0; i<nup; i++)  /* copy upvalues to the top */
263       lua_pushvalue(L, -nup);
264     lua_pushcclosure(L, l->func, nup);
265     lua_setfield(L, -(nup+2), l->name);
266   }
267   lua_pop(L, nup);  /* remove upvalues */
268 }
```

注册这些函数之前，首先会到registry["_LOADED"]表中查找该库，如果不存在，则在G表中查找这个库，若不存在则创建一个表。

因此，不管是Lua内部的库还是外部使用require引用的库，首先会到registry["_LOADED"]中存放该库的表。最后，再遍历传进来的函数指针数组，完成库函数的注册。

比如，注册os.print时，首先将print函数绑定在一个函数指针上，再去l_registry[_LOADED]和G表中查询名为os的库是否存在，不存在则创建一个表，即：

G["os"] = {}

紧跟着注册print函数，即：G["os"]["print"] = 待注册的函数指针。

这样在调用os.print(1)时，首先根据os到G表中查找对应的表，再在这个表中查找print成员得到函数指针，最后完成函数的调用。

8.2.2 模块的编写

这一节中，我们来看看Lua中与模块相关的几个函数。

在定义Lua模块时，第一句代码一般都是module(xxx)。module调用的对应C函数是loadlib.c中的函数ll_module：

```
(loadlib.c)
544 static int ll_module (lua_State *L) {
545   const char *modname = luaL_checkstring(L, 1);
546   int loaded = lua_gettop(L) + 1;  /* index of _LOADED table */
547   lua_getfield(L, LUA_REGISTRYINDEX, "_LOADED");
548   lua_getfield(L, loaded, modname);  /* get _LOADED[modname] */
549   if (!lua_istable(L, -1)) {  /* not found? */
550     lua_pop(L, 1);  /* remove previous result */
551     /* try global variable (and create one if it does not exist) */
552     if (luaL_findtable(L, LUA_GLOBALSINDEX, modname, 1) != NULL)
553       return luaL_error(L, "name conflict for module " LUA_QS, modname);
554     lua_pushvalue(L, -1);
555     lua_setfield(L, loaded, modname);  /* _LOADED[modname] = new table */
556   }
557   /* check whether table already has a _NAME field */
558   lua_getfield(L, -1, "_NAME");
559   if (!lua_isnil(L, -1))  /* is table an initialized module? */
560     lua_pop(L, 1);
561   else {  /* no; initialize it */
562     lua_pop(L, 1);
563     modinit(L, modname);
564   }
565   lua_pushvalue(L, -1);
566   setfenv(L);
567   dooptions(L, loaded - 1);
```

8

```
568    return 0;
569 }
```

代码的前半部分首先根据module(XXX)中的模块名去registry["_LOADED"]表中查找，如果找不到，则创建一个新表，这个表为_G["XXX"] = registry["_LOADED"]["XXX"]。换言之，这个名为XXX的模块本质上是一个表，这个表存储了这个模块中的所有变量以及函数，它既可以通过_G["XXX"]来访问，也可以通过registry["_LOADED"]["XXX"]来访问。

紧跟着，在modinit函数中，将这个表的成员_M、_NAME、_PACKAGE分别赋值。

最后，调用setfenv将该模块对应的环境置空。根据前面的分析，setfenv将该模块对应的环境置空就是将这个模块分析完毕之后返回的Closure对应的env环境表置空。这意味着，前面的所有全局变量都看不见了，比如下面的代码中：

```
myprint=print
myprint("1")
module("test")
myprint("2")
```

这里首先将全局函数print1赋值给全局变量myprint，第二行代码可以正常调用这个函数。但当调用module声明test模块之后，在此之前的全局变量myprint被清空，第四行代码调用myprint函数时就会报错，错误信息是attempt to call global 'myprint' (a nil value)，因为此时已经查不到这个变量了。

如果写下的是module(xxx,package.seeall)呢？它将会调用后面的dooptions函数并且最后调用package.seeall对应的处理函数：

```
(loadlib.c)
572 static int ll_seeall (lua_State *L) {
573   luaL_checktype(L, 1, LUA_TTABLE);
574   if (!lua_getmetatable(L, 1)) {
575     lua_createtable(L, 0, 1); /* create new metatable */
576     lua_pushvalue(L, -1);
577     lua_setmetatable(L, 1);
578   }
579   lua_pushvalue(L, LUA_GLOBALSINDEX);
580   lua_setfield(L, -2, "__index");  /* mt.__index = _G */
581   return 0;
582 }
```

这个函数就两个作用：一个是创建该模块对应表的metatable，另一个是将meta表的__index指向_G表。也就是说，所有在该模块中找不到的变量都会去_G表中查找。可以看到，这里的操作并不会把环境表清空。因此，如果把前面的代码改成这样，就可以正确执行：

```
myprint=print
myprint("test")
module("test", package.seeall)
myprint("test")
```

根据前面对module函数的分析，得出以下几个结论。

- ❑ 创建模块时会创建一个表，该表挂载在registry["_LOADED"]、_G[模块名]下。自然而然地，该模块中的变量（函数也是一种变量）就会挂载到这个表里面。
- ❑ 在module函数的参数中写下package.seeall将会创建该表的metatable，同时该表的__index将指向_G表。简单地说，这个模块将可以看到所有全局环境下的变量（这里再提醒一次，函数也是一种变量）。

明白了module背后的作用，再来看看require函数，它对应的处理函数是loadlib.c中的ll_require函数，这个函数做了如下几件事情。

- ❑ 首先在registry["_LOADED"]表中查找该库，如果已存在，说明是已经加载过的模块，不再重复加载直接返回。
- ❑ 在当前环境表中查找loaders变量，这里存放的是所有加载器组成的数组。在Lua代码中，有4个loader：

```
(loadlib.c)
623 static const lua_CFunction loaders[] =
624   {loader_preload, loader_Lua, loader_C, loader_Croot, NULL};
```

加载时，会依次调用loaders数组中的四种loader。如果加载的结果在Lua栈中返回的是函数（前面提过，分析完Lua源代码文件，返回的是Closure），那么说明加载成功，不再继续往下调用其他的loader加载模块。

- ❑ 最后，调用lua_call函数尝试加载该模块。加载之前，在Lua栈中压入一个哨兵值sentinel，如果加载完毕之后这个值没有被改动过，则说明加载完毕，将registry["_LOADED"]赋值为true表示加载成功。

8.2.3　模块的热更新原理

能很好地支持代码热更新机制，是开发时选择使用脚本语言的原因之一。热更新的好处很在于，能在不重启程序或者发布新版本的情况下更新脚本，给调试和线上解决问题带来很大的便利，对开发效率有很大的提升。

下面就来谈谈如何实现热更新。

先简单回顾之前提过的模块和require机制。Lua内部提供了一个require函数来实现模块的加载，它做的事情主要有以下几个。

- ❑ 在registry["_LOADED"]表中判断该模块是否已经加载过了，如果是则返回，避免重复加载某个模块代码。
- ❑ 依次调用注册的loader来加载模块。

❑ 将加载过的模块赋值给registry["_LOADED"]表。

而如果要实现Lua的代码热更新，其实也就是需要重新加载某个模块，因此就要想办法让Lua虚拟机认为它之前没有加载过。查看Lua代码可以发现，registry["_LOADED"]表实际上对应的是package.loaded表，这在以下函数中有体现：

```
(loadlib.c)
627 LUALIB_API int luaopen_package (lua_State *L) {

655    /* set field `loaded' */
656    luaL_findtable(L, LUA_REGISTRYINDEX, "_LOADED", 2);
657    lua_setfield(L, -2, "loaded");
```

因此，事情就很简单了，需要提供require_ex函数，可以把它理解为require的增强版。使用这个函数，可以动态更新某个模块的代码：

```
function require_ex( _mname )
  print( string.format("require_ex = %s", _mname) )
  if package.loaded[_mname] then
    print( string.format("require_ex module[%s] reload", _mname))
  end
  package.loaded[_mname] = nil
  require( _mname )
end
```

这个函数做的事情一目了然。首先，判断是否曾经加载过这个模块，如果有，则打印一条日志，表示需要重新加载某个模块，然后将该模块原来在表中注册的值赋空，然后再次调用require进行模块的加载和注册。

以上了解了Lua代码热更新的原理，但是还有一些细节需要提醒一下。

第一点，如何组织项目中的Lua代码？我在自己的开源项目qnode中使用的方式是，单独使用一个叫main.lua的文件调用require_ex函数来加载需要用到的Lua模块，而Lua虚拟机创建之后执行的是这个文件。这样的话，当你需要热更新项目中的Lua代码时，只需要重新执行这个main.lua就行了。如何通知热更新代码呢？比如可以使用信号机制，当宿主程序收到信号时，通知所有工作进程，由工作进程来重新加载main.lua，这样就完成了Lua代码的热更新。为此，我们写了一个简单的脚本reload.sh，它就是根据当前qnode的服务器进程ID来对其发送USR1信号量的。

第二点，一般热更新都是函数的实现，所以需要对全局变量做一些保护。比如，当前某全局变量为100，表示某个操作已经进行了100次，它不能因为热更新重置为0，所以要对这些不能改变的全局变量做一个保护，最简单的方式就是这样：

```
a = a or 0
```

这个原理很简单，只有当前a这个变量没有初始值的时候才会赋值为0，而后面不管这个Lua文件被加载多少次，a都不会因为重新加载了Lua代码而发生改变。

第 9 章
调试器工作原理

要实现任何一个语言的调试器，大致需要有以下几个功能。

❏ 如何让程序按照所下的断点终止程序？

❏ 如何获得断点处程序相关的信息，比如调用堆栈，打印变量值？

❏ 如何在断点处继续进入一个函数进行调试？

下面逐个分析Lua在实现调试器方面都提供了哪些支持以及如何使用它们来实现一个自己的Lua调试器。需要说明的是，下面引用到的很多Lua调试器相关的代码，来自我的开源Lua调试器[ldb]（https://github.com/lichuang/qnode/tree/master/ldb）的代码，有兴趣的读者可以自行根据本章的内容结合代码来看。

9.1 钩子功能

为了支持调试，Lua虚拟机提供了钩子（hook）功能，使用者可以根据需要添加不同的钩子处理函数供条件触发时回调。这里包括以下几种钩子类型：

```
(lua.h)
321 #define LUA_MASKCALL    (1 << LUA_HOOKCALL)
322 #define LUA_MASKRET     (1 << LUA_HOOKRET)
323 #define LUA_MASKLINE    (1 << LUA_HOOKLINE)
324 #define LUA_MASKCOUNT   (1 << LUA_HOOKCOUNT)
```

调用lua_sethook函数传入上面的参数，可以在对应的调用处调用注册的回调函数，其中：

❏ LUA_MASKCALL在函数被调用时触发；

❏ LUA_MASKRET在函数返回时被触发；

9

❑ LUA_MASKLINE在每执行一行代码时被触发；

❑ LUA_MASKCOUNT每执行count条Lua指令触发一次，这里的count在lua_sethook函数的第三个参数中传入。使用其他hook类型时，该参数无效。

9.2　得到当前程序信息

在调试的过程中，需要知道当前虚拟机的一些状态。为此，Lua提供了lua_Debug结构体，里面的成员变量用来保存当前程序的一些信息：

```
(lua.h)
346 struct lua_Debug {
347   int event;
348   const char *name; /* (n) */
349   const char *namewhat; /* (n) `global', `local', `field', `method' */
350   const char *what; /* (S) `Lua', `C', `main', `tail' */
351   const char *source;   /* (S) */
352   int currentline;  /* (l) */
353   int nups;      /* (u) number of upvalues */
354   int linedefined;  /* (S) */
355   int lastlinedefined;  /* (S) */
356   char short_src[LUA_IDSIZE]; /* (S) */
357   /* private part */
358   int i_ci;  /* active function */
359 };
```

这些成员变量的含义如下所示。

❑ event：用于表示触发hook的事件，事件类型就是前面提到的几个宏。

❑ name：当前所在函数的名称。

❑ namewhat：name域的含义。可能的取值为：global、local、method、field或者空字符串。空字符串意味着Lua无法找到这个函数名。

❑ what：函数类型。如果foo是普通的Lua函数，结果为Lua；如果是C函数，结果为C；如果是Lua的主代码段，结果为main。

❑ source：函数的定义位置。如果函数在字符串内被定义（通过loadstring函数），source就是该字符串，如果函数在文件中被定义，source就是带@前缀的文件名。

❑ currentline：当前所在行号。

❑ nups：该函数的UpValue的数量。

❑ linedefined：source中函数被定义处的行号。

❑ lastlinedefined：该函数最后一行代码在源代码中的行号。

❑ short_src：source的简短版本（60个字符以内），对错误信息很有用。

❑ i_ci：存放当前函数在lua_State结构体的CallInfo数组中的索引。通过这个变量，就能在lua_State结构体中拿到对应的CallInfo数据。

通过lua_getinfo函数，可以得到一些很重要的信息，它的调用方式是lua_getinfo(state,params, ar)，其中第二个参数是一个字符串，支持传入多个字母。这些传入的字符，取自lua_Debug结构体定义中每个成员变量的注释中那些写在括号里面的字符。比如，如果要得到name和what信息，需要传入"nS"，依次类推。

至于如何拿到这些信息，其实很简单：就是从前面提到的Proto结构体中。Lua在解释执行的时候，已经把相当多的信息存放到Proto结构体中了，这个函数只需要根据用户传入的需要依次从Proto结构体中获取就可以了。限于篇幅，这里就不展开讨论了，有兴趣的可以自己顺着lua_getinfo函数的实现看看。

9.3 打印变量

变量分为局部变量和全局变量，搜索某个变量时，按照从内到外的方式搜索即可。搜索局部变量时，会使用lua_getlocal函数：

```
LUA_API const char *lua_getlocal (lua_State *L, const lua_Debug *ar, int n);
```

这个函数的作用是在当前函数的locvars数组中依次查找变量，传入的n为数组索引，从1开始，当该索引找不到对应的数组元素时，会返回NULL。另外，需要注意的是，这个API会将查找结果压入栈中，如果查找不成功，那么需要从栈中弹出前面压入的值恢复栈的结构，如下面这个函数做的这样：

```
static int
search_local_var(lua_State *state, lua_Debug *ar, const char* var) {
    int         i;
    const char *name;

    for(i = 1; (name = lua_getlocal(state, ar, i)) != NULL; i++) {
      if(strcmp(var,name) == 0) {
        return i;
      }
      // not match, pop out the var's value
      lua_pop(state, 1);
    }
    return 0;
}
```

如果在局部变量中搜索不到，还得使用lua_getglobal函数进行全局变量的搜索，这个API实际上是一个宏，会根据传入的key进入GLOBAL表查找变量。同样，在使用这个函数时，也需要注意恢复栈结构。相关代码如下：

```
static int
search_global_var(lua_State *state, lua_Debug *ar, const char* var) {
    lua_getglobal(state, var);
```

```
if(lua_type(state, -1 ) == LUA_TNIL) {
  lua_pop(state, 1);
  return 0;
}

return 1;
}
```

但是以上过程仅仅只能在相应的地方查找到同名的变量，在真正需要打印变量值的时候，还需要根据变量的类型来打印数据，如果是有其他数据关联的类型，比如打印表的信息，那么还需要遍历里面的关联成员进行打印。

9.4　查看文件内容

查看文件的内容，就是模拟GDB中的list命令，可以根据文件名、行号等信息打印出代码中的内容。这部分相对简单，因为当Lua代码执行到钩子部分代码时，可以通过lua_getinfo函数得到当前Lua虚拟机执行的一些信息，比如文件名和行号。在C实现的Lua调试器中，会维护一个已经读取过的文件列表，如果当前所在的文件还没有被读取到内存中，那么会读取到内存中，再根据所在的行号得到文件内容的信息。

9.5　断点的添加

调试器的断点分为两种，一种是基于"文件：行号"形式的，一种是基于函数调用形式的。

在C实现的调试器中，首先需要定义一个数据结构类型，用于表示断点：

```
typedef struct ldb_breakpoint_t {
    unsigned int  available:1;
    char         *file;
    char         *func;
    const char   *type;
    int           line;
    unsigned int  active:1;
    int           index;
    int           hit;
} ldb_breakpoint_t;
```

这些信息包括断点所在的文件、行号、函数名、当前是否被激活、被触发的计数，等等。

先来看第一种形式断点的实现，这种形式的断点相对简单。做法是创建一个新的断点数据结构，保存文件和行号，在钩子函数每次被触发调用时，都会根据当前的文件和行号信息去查找是否匹配某个断点的信息。

接着来看第二种形式断点的实现。由于函数在Lua中也是一种类型的变量，既然是变量，就涉及作用域。比如，你在A模块的代码里中断执行时，想给B模块的fun函数下断点，那么就不能简单地写b func，而应该是b B.func。所以，在对函数下断点时要注意这一点。另外，当给某一个函数下断点时，还需要添加LUA_HOOKCALL类型的钩子函数，也就是在函数调用时被触发。之所以这么做，是因为在查找断点时，如果使用文件名和行号都查找不到，那么会判断当前这次的钩子调用是不是一个函数调用触发的，如果是，再继续根据断点的函数名进行查找匹配。

9.6　查看当前堆栈信息

查看当前堆栈信息，也就是如何模拟GDB中bt指令的功能。在Lua中，要获取某一层堆栈的信息，可以使用函数lua_getstack。这里要做的就是逐层调用该函数，得到此时函数堆栈的信息：

```
static void
dump_stack(lua_State *state, int depth, int verbose) {
  lua_Debug ldb;
  int i;
  const char *name, *filename;

  for(i = depth; lua_getstack(state, i, &ldb) == 1; i++) {
    lua_getinfo(state, "Slnu", &ldb);
    name = ldb.name;
    if( !name ) {
      name = "";
    }
    filename = ldb.source;

    output("#%d: %s:'%s', '%s' line %d\n",
           i + 1 - depth, ldb.what, name,
           filename, ldb.currentline );
  }
}
```

9.7　step 和 next 指令的实现

实现这两个指令之前，先来看一个子问题，如何得到当前函数堆栈的调用层次，这个数据可以通过反复调用前面提到的lua_getstack函数获取到：

```
static int
get_calldepth(lua_State *state) {
  int i;
  lua_Debug ar;

  for (i = 0; lua_getstack(state, i + 1, &ar ) != 0; i++)
    ;
  return i;
}
```

这两个指令的实现稍微有点难度，所以放在最后讲解。step就是逐行执行代码，它在调用函数时也会跟进该函数中，而next指令会在调用函数时不跟进函数的调用。因此，这两个指令的区别仅在于遇到函数时是否继续跟进去执行该函数中的代码。我的做法是新增一个变量来保存当前的函数栈索引，当处于step模式时将这个值置为−1，当处于next模式时只会保存为当前的函数栈索引。如果某个指令是调用一个函数，这时通过get_calldepth函数获得的函数栈就会比之前的大。next指令可以在这个时候返回不做任何处理，而step指令可以继续执行下去。

第 10 章
异常处理

在本章中，我们将介绍Lua中异常处理的实现方式。这里首先会分析实现异常处理所需要的工作，然后再结合Lua的代码来看看它是如何实现异常处理的。

10.1　原理

在展开讨论异常处理的实现之前，先来看看异常处理这个机制需要解决什么问题。

一般而言，一段需要异常保护的代码的大体框架如下：

```
try {
  do_something();
} catch (exception) {
  // 这里可以打印异常信息
}
//程序继续往下执行
```

从上面这个伪代码框架可以看出，一门语言的异常处理至少需要做下面的事情。

❑ 对需要进行异常保护的代码进行保护，当异常发生时，可以获取到这个异常相关的信息，比如代码行号和错误信息等。最好还要把错误的栈信息打印出来，即所谓的错误回溯。

❑ 处理完异常后，还能继续往下执行，即从异常中恢复调用之前环境的能力。

同时，在一段需要异常保护的代码中，还可能又调用了其他需要异常保护的代码，即异常保护机制需要支持嵌套的异常保护代码。

有了以上认知，接下来就来看看Lua的做法。

10.2   Lua 实现

在Lua虚拟机内部，针对编译器的不同，我们使用不同的方式来实现异常处理机制。下面我们来看看是如何实现的：

```
(luaconf.h)
606 #if defined(__cplusplus)
607 /* C++ exceptions */
608 #define LUAI_THROW(L,c) throw(c)
609 #define LUAI_TRY(L,c,a) try { a } catch(...) \
610     { if ((c)->status == 0) (c)->status = -1; }
611 #define luai_jmpbuf int   /* dummy variable */
612
613 #elif defined(LUA_USE_ULONGJMP)
614 /* in Unix, try _longjmp/_setjmp (more efficient) */
615 #define LUAI_THROW(L,c) _longjmp((c)->b, 1)
616 #define LUAI_TRY(L,c,a) if (_setjmp((c)->b) == 0) { a }
617 #define luai_jmpbuf jmp_buf
618
619 #else
620 /* default handling with long jumps */
621 #define LUAI_THROW(L,c) longjmp((c)->b, 1)
622 #define LUAI_TRY(L,c,a) if (setjmp((c)->b) == 0) { a }
623 #define luai_jmpbuf jmp_buf
624
625 #endif
```

简单来看，这里定义了两个宏LUAI_THROW和ILUAI_TRY，以及用于异常跳转时的类型luai_jmpbuf。如果是使用C++编译器的话，那么还是使用C++原先的异常机制来实现这两个宏，而此时luai_jmpbuf类型就是无用的。而在使用C编译器的情况下，就使用longjmp/setjmp函数来模拟这两个宏，这两个函数需要使用jmp_buf类型的变量，于是luai_jmpbuf就是jmp_buf了。

下面简单介绍一下longjmp/setjmp这对函数的作用，这两个函数的原型如下：

```
#include <setjmp.h>

int setjmp(jmp_buf env);

void longjmp(jmp_buf env, int val);
```

这对函数的作用是实现非局部跳转（nonlocal goto）。普通的goto语句，只能实现同一个函数内的跳转，不能跨函数跳转。而使用这对函数，就能实现跨函数的跳转。既然是跨函数的跳转，那么很显然，需要在跳转之前保存一些内容，以便在跳转时"有据可依"，知道跳转回哪里、怎么跳转。

这些信息存在类型为结构体jmp_buf的变量中。在跳转之前，首先调用setjmp函数，将当前信息保存下来；在进行跳转时，再拿着之前保存过的jmp_buf结构体信息进行跳转。这里需要注意longjmp函数，其参数除了longjmp结构体之外，还有另一个变量val，这个变量是为了返回给

setjmp函数，告知出错信息的。即setjmp函数在整个过程中会被返回两次：第一次是保存jmp_buf结构体时，此时如果保存成功，会返回0；如果中间发生了longjmp跳转，那么第二次返回的是调用longjmp函数的第二个参数val。因此，为了正确使用这对函数，调用longjmp函数传入的第二个参数是，不要使用0这个特殊的值。

一次调用setjmp函数，在后续发生longjmp的情况下，会返回两次，这是使用这对函数最让人迷惑的地方。下面以一段代码来解释这两个函数是如何搭配使用的：

```c
#include <stdio.h>
#include <setjmp.h>

static jmp_buf buf;

void second(void) {
  printf("in second\n");
  longjmp(buf,-1);
}

void first(void) {
  printf("in first\n");
  second();
  printf("after second\n");
}

int main() {
  int ret = setjmp(buf);

  if (!ret) {
    first();
  } else {
    printf("longjmp ret:%d\n", ret);
  }

  return 0;
}
```

这段代码的执行流程如图10-1所示。

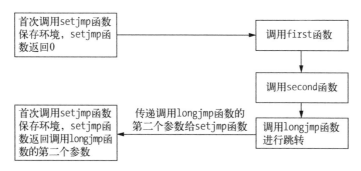

图10-1　采用setjmp/longjmp进行跳转的函数执行流程

执行结果如下：

```
in first
in second
longjmp ret:-1
```

可以看到，在first函数中的最后一句打印after second字符串的操作并没有执行，因为在
second函数中发生了跳转，回到了main函数中。

接着回到Lua代码中。在lua_State结构体中，有一个变量errorJmp，它是lua_longjmp类型的，
这个结构体的定义如下：

```
(ldo.c)
44 struct lua_longjmp {
45   struct lua_longjmp *previous;
46   luai_jmpbuf b;
47   volatile int status;  /* error code */
48 };
```

从这个结构体的定义可以看出，跳转位置形成了一个链表的关系，这是为了实现前面提到的
嵌套异常处理机制。同时使用luai_jmpbuf存放了跳转相关的数据，最后一个变量status存放跳转
时的状态，用于在出现错误时知道到底是出现了哪些错误。

在Lua中，有以下几种异常错误类型：

```
(lua.h)
44 #define LUA_ERRRUN   2
45 #define LUA_ERRSYNTAX    3
46 #define LUA_ERRMEM   4
47 #define LUA_ERRERR   5
```

Lua解释器也提供了一个函数用于将错误信息字符串压入栈中：

```
(ldo.c)
51 void luaD_seterrorobj (lua_State *L, int errcode, StkId oldtop) {
52   switch (errcode) {
53     case LUA_ERRMEM: {
54       setsvalue2s(L, oldtop, luaS_newliteral(L, MEMERRMSG));
55       break;
56     }
57     case LUA_ERRERR: {
58       setsvalue2s(L, oldtop, luaS_newliteral(L, "error in error handling"));
59       break;
60     }
61     case LUA_ERRSYNTAX:
62     case LUA_ERRRUN: {
63       setobjs2s(L, oldtop, L->top - 1);  /* error message on current top */
64       break;
65     }
66   }
67   L->top = oldtop + 1;
68 }
```

有了前面的数据结构，就可以来看看如何使用它们来完成异常处理了。在Lua中，在执行一些待保护的函数调用时，都会使用luaD_rawrunprotected函数，这个函数是异常处理、错误保护的核心函数。著名的pcall函数的内部实际上就是使用这个函数来调用函数的。相关代码如下：

```
(ldo.c)
 94 void luaD_throw (lua_State *L, int errcode) {
 95   if (L->errorJmp) {
 96     L->errorJmp->status = errcode;
 97     LUAI_THROW(L, L->errorJmp);
 98   }
 99   else {
100     L->status = cast_byte(errcode);
101     if (G(L)->panic) {
102       resetstack(L, errcode);
103       lua_unlock(L);
104       G(L)->panic(L);
105     }
106     exit(EXIT_FAILURE);
107   }
108 }
109
110
111 int luaD_rawrunprotected (lua_State *L, Pfunc f, void *ud) {
112   struct lua_longjmp lj;
113   lj.status = 0;
114   lj.previous = L->errorJmp;  /* chain new error handler */
115   L->errorJmp = &lj;
116   LUAI_TRY(L, &lj,
117     (*f)(L, ud);
118   );
119   L->errorJmp = lj.previous;  /* restore old error handler */
120   return lj.status;
121 }
```

这里luaD_rawrunprotected函数首先将当前函数内部的lua_longjmp结构体的previous指针指向前一个previous结构体，同时将status置为0，然后将当前的errorJmp指向目前函数栈内的lua_longjmp结构体指针，这样就可以调用LUAI_TRY宏来执行函数调用了。如果函数调用中间出现了前面的几种错误，那么最终会调用luaD_throw函数，此时会将错误代码写入status中返回。

可以看到，luaD_rawrunprotected函数只会负责函数调用时的保护，而环境的恢复则需要调用这个函数的使用者来维护。Lua把这个工作交给了pcall函数。下面来看看这个函数是如何使用luaD_rawrunprotected函数的：

```
(ldo.c)
455 int luaD_pcall (lua_State *L, Pfunc func, void *u,
456                 ptrdiff_t old_top, ptrdiff_t ef) {
457   int status;
458   unsigned short oldnCcalls = L->nCcalls;
459   ptrdiff_t old_ci = saveci(L, L->ci);
460   lu_byte old_allowhooks = L->allowhook;
```

10

```
461  ptrdiff_t old_errfunc = L->errfunc;
462  L->errfunc = ef;
463  status = luaD_rawrunprotected(L, func, u);
464  if (status != 0) {   /* an error occurred? */
465    StkId oldtop = restorestack(L, old_top);
466    luaF_close(L, oldtop);  /* close eventual pending closures */
467    luaD_seterrorobj(L, status, oldtop);
468    L->nCcalls = oldnCcalls;
469    L->ci = restoreci(L, old_ci);
470    L->base = L->ci->base;
471    L->savedpc = L->ci->savedpc;
472    L->allowhook = old_allowhooks;
473    restore_stack_limit(L);
474  }
475  L->errfunc = old_errfunc;
476  return status;
477 }
```

需要注意的是，luaD_pcall函数的第四个参数old_top保存的是调用pcall之前的栈指针，实际上这个指针是通过savestack宏来计算的，而根据这个值进行栈环境的恢复则使用的是restorestack宏。这两个宏其实很简单：

```
(ldo.c)
24 #define savestack(L,p)    ((char *)(p) - (char *)L->stack)
25 #define restorestack(L,n) ((TValue *)((char *)L->stack + (n)))
```

除了函数栈这个环境需要保存和恢复之外，当前调用的信息同样需要在调用luaD_rawrunprotected之前保存，也就是说CallInfo数组的信息不能乱。

因此，在调用luaD_rawrunprotected之前，首先会保存如下几个环境：

❑ 调用saveci保存ci数组；
❑ 保存nCcalls、old_allowhooks和old_errfunc变量。

当调用完成并且status不为0时，也就是出错的情况下，会进行如下操作。

(1) 调用luaF_close函数，清理该函数调用过程中分配的资源。
(2) 调用luaD_seterrorobj将错误信息存放到栈中。
(3) 重新恢复之前的nCcalls、ci、base、savedpc、allowhook变量，因为这些都可能在调用过程中发生变化。

第 11 章
协程

协程是Lua语言的一个亮点。有了语言级别对协程的实现，再加上Lua本身资源消耗非常少，开发者利用这一特性实现了很多强大的功能。比如，在OpenResty项目中，一个请求对应一个Lua协程，各自互不干扰，又可以使用同步的方式来编写代码。这也是OpenResty项目能获得很多人青睐的重要功能点。协程与线程类似，都有自己执行时独立的栈、环境、指令指针等，但是对比起操作系统级别的线程，不仅轻量了很多，还可以由用户自己控制它的执行情况。本章不仅分析了协程相关的概念、Lua协程的实现，还对比了两种不同类型协程的实现。

11.1 概念

这里我们先来回顾几个编程中常见的概念，以此来看看协程概念的提出以及它解决了哪些问题。

首先来看进程，它的定义是"正在运行的程序的实例"。进程是由操作系统内核分配资源来执行程序的基本单位。一个进程在执行之前，操作系统内核需要为之分配相应的资源，如内存、CPU等。有了进程，操作系统才会允许在上面有多个任务"同时"执行，这样才能利用到多核的优势。

然而，创建一个进程的代价实在太大，同时不同进程之间的资源是隔离的，这导致进程间的通信非常复杂，于是就有了线程的概念。

与进程相比，创建线程的代价更低，同一个进程内的不同线程也共享了这个进程的内存，使得相互间数据沟通简单了许多。在Linux内核中，进程和线程都是通过调用clone函数来实现的，只需要传给这个函数不同的标志位即可。为了后面描述方便，这里我们将把进程和线程统一称为进程。

11

假如不使用进程，除了无法利用多核的优点，还有一些事情做起来很别扭。下面以一个例子来做说明。假如某个程序在发送请求给服务器之后，需要接收应答数据来做一些处理，在不使用进程的情况下，它只能是一个阻塞的操作：

```
send_data_to_server();
wait_server_response();
do_something();
```

为了解决这种情况，可以注册一个IO回调函数，当服务器有数据返回时，会自动回调这个函数：

```
add_io_callback();
send_data_to_server();

func callback()
  do_something();
```

这种处理看上去好很多，但是又有另一个问题出现了，这样的写法实际上是采用异步的做法来处理逻辑：别调用我，等我回调你。异步编码的思维跟正常人的思维差异还是比较大的，当回调层次少时还好说，但是当回调层次多了，这简直就是一个噩梦。

于是，使用进程的方案出现了，这个方案为每一个请求创建一个独立的调度单元，在这个单元内，代码都是可以同步来写的。这样，每个请求有自己独立的调度单元，彼此之间不会相互影响。

然而，不论是进程还是线程，其创建成本都是很大的，如果任务比较多，系统资源很快就被耗尽了。此时，我们需要一个更轻成本的概念来解决这个问题。

另外，不论是进程还是线程，其调度都是由操作系统内核来完成的。作为用户态的程序，需要一种更灵活的方式来控制任务的执行。

于是，协程就出现了。对比起来，协程更轻量，同时它也可以由用户态的程序来调度。

协程的概念最早由Melvin Conway在1963年提出并实现，用于简化COBOL编译器的词法和句法分析器间的协作。当时，他对协程的描述是"行为与主程序相似的子例程"。协程主要有以下两个特点：

❑ 协程可以保留运行时的状态数据；
❑ 协程可以让出自己的执行权，当重新获得执行权时从上一次暂停的位置继续执行。

协程的问题在于，它不能像进程、线程那样利用其多核，多个协程只能跑在同一个CPU上。如果想在多CPU上支持多个协程，可以采用多进程加多协程的做法，即开多个线程，不同的线程上又跑着多个协程。

下面我们用常见的生产-消费者模型来解释协程的概念：

```
var q := new queue
coroutine produce
  loop
    while q is not full
      create some new items
      add the items to q
    yield to consume

coroutine consume
  loop
    while q is not empty
      remove some items from q
      use the items
    yield to produce
```

在上述代码中，协程生产者和消费者使用一个队列来进行通信，当生产者将新的数据添加到队列中以后，调用yield to consume语句将执行权让出来给消费者协程。同样，消费者协程在消费了队列的一个元素之后，调用yield to produce将执行权让出来给生产者协程。

可以看到，在上面这段伪代码中，如果去掉显式让出执行权的部分，它跟使用线程来模拟的生产者-消费者模式没有什么区别。

按照协程间关系的不同，分为对称协程（symmetric coroutine）和非对称协程（asymmetric coroutine）。在对称协程中，协程之间的关系是平级的，不会像例程那样是上下级调用的关系，而非对称协程的关系反之。在Lua中，我们采用的是非对称方式，具体的做法下面再展开讨论。

11.2 相关的 API

下面我们来看看Lua提供了哪些协程方面的API。协程相关的操作集中在coroutine库中，里面提供了如表11-1所示的API。

表11-1 协程相关的API说明

API	传入参数	返 回 值	说　　明
create(f)	函数，作为协程运行的主函数	返回创建好的协程	该函数只负责创建协程，而如果要运行协程，还需要执行resume操作
resume(co,[val1,..])	传入的第一个参数是create函数返回的协程，剩下的参数是传递给协程运行的参数	分两种情况，resume成功的情况下返回true以及上一次yield函数传入的参数；失败的情况下返回false以及错误信息	第一次执行resume操作时，会从create传入的函数开始执行，之后会在该协程主函数调用yield的下一个操作开始执行，直到这个函数执行完毕。调用resume操作必须在主线程中
running	空	返回当前正在执行的协程，如果在主线程中被调用，将返回nil	

11

（续）

API	传入参数	返 回 值	说 明
status	空	返回当前协程的状态，有 dead、runnning、suspend、normal	
wrap	与create类似，传入协程运行的主函数	返回创建好的协程	wrap函数相当于结合了create和resume函数。所不同的是，wrap函数返回的是创建好的协程，下一次直接传入参数调用该协程即可，无需调用resume函数
yield	变长参数，这些是返回给此次resume函数的返回值	返回下一个resume操作传入的参数值	挂起当前协程的运行，调用yield操作必须在协程中

这里面最难理解的两个API就是resume和yield，两者的关系密切，这里再列举一下两者的关系。

❑ yield在协程中执行，用于挂起当前协程的执行，同时将调用yield函数时的参数作为本次调用resume函数的返回值之一返回，而yield函数的返回值是下一次调用resume函数的传入参数。

❑ resume在主协程中执行，用于第一次执行协程或者从协程上一次调用yield函数挂起协程执行的地方继续执行。协程调用yield函数的返回值，是由重新唤起该协程执行时调用resume函数传入的参数。

换言之，yield和resume除了常见的挂起、执行操作之外，两者之间还可以通过调用时传入的参数作为对方的返回值。

在列举协程的例子中，常见的是生产-消费者模型，但是这种例子只能单方面地看到通过yield函数向另一个协程传递参数。这里举另外一个不常见的例子，来看看yield、resume两者之间互相传递参数的情况：

```
 1 function foo(a)
 2   print("foo", a)
 3   return coroutine.yield(2 * a)
 4 end
 5
 6 co = coroutine.create(function ( a, b )
 7   print("co-body", a, b)
 8   local r = foo(a + 1)
 9   print("co-body", r)
10   local r, s = coroutine.yield(a + b, a - b)
11   print("co-body", r, s)
12   return b, "end"
13 end)
```

```
14
15 print("main", coroutine.resume(co, 1, 10))
16 print("------")
17 print("main", coroutine.resume(co, "r"))
18 print("------")
19 print("main", coroutine.resume(co, "x", "y"))
20 print("------")
21 print("main", coroutine.resume(co, "x", "y"))
```

这里我们结合协程的API描述，来具体分析这段代码的执行。

❑ 第6行创建了协程co，但是此时该协程并没有开始运行，需要执行resume操作之后才运行。

❑ 第15行调用resume函数开始执行前面创建的协程。这里传入的参数是1和10。在协程主函数中，第8行调用foo函数，在此函数中，协程将调用yield函数将执行权让出，而在让出时传入的参数是2*a（也就是4），这也是前面resume函数执行完毕之后返回的第二个参数（第一个参数是true，表示协程执行成功，见前面API的注释）。因此，在第18行第一次打印横线进行标记之前的输出为：

```
co-body 1 10
foo 2
main  true  4
```

❑ 在第17行，程序再一次调用resume函数来执行协程。与上一次不同的是，这一次不是从协程主函数开始位置执行，而是从上一次协程执行yield操作让出执行权的地方继续执行。这里传递进去的参数是字符串"r"，这就是协程重新获得执行权之后yield函数的返回值。之后，协程执行第10行和第11行这两行代码，其中第11行再次调用yield函数让出执行权，此时传入的参数是a+b（也就是11）和a-b（也就是–9）。可见，虽然协程co曾经调用yield函数让出执行权，但是该协程的执行环境表现在这里就是主函数的局部参数a和b都还是保持原样的，并没有因此发生改变。

从前面的分析可知，第一次横线和第二次横线之间打印输出的是：

```
co-body r
main  true  11  -9
```

❑ 接下来，第19行再次调用resume函数唤醒协程，这次传入的参数是"x"和"y"，因此在第11行协程重新唤醒时，yield函数的返回值就是"x"和"y"。协程主函数继续往下执行，这次没有再次让yield让出执行权，而是执行完协程的主函数，并且返回10和end两个参数。因此，在第二次横线和第三次横线之间打印输出的是：

```
co-body x y
main  true  10  end
```

❑ 此时协程co已经执行完毕，因此在第21行再次调用resume函数试图唤醒该协程继续执行时，将返回false（表示执行失败）以及失败的错误信息，因此这一次的输出是：

11

main   false cannot resume dead coroutine

通过这个例子，我们再总结一下协程运行的几个关键点。

❑ 协程可以自由地由操作者执行（调用resume函数）或者挂起让出执行权（yield），这是协程与操作系统级别的线程最大的不同：协程的运行可以由用户自行控制，而线程的调度由操作系统内核来完成，对用户并不可见。

❑ 协程运行的两个主要函数就是resume和yield，协程调用者和协程之间可以通过这两个函数的参数来互相通信。具体小结如下。

■ 协程创建后，首次执行resume操作时，传入resume函数的参数是协程主函数的参数。

■ 调用yield操作让出执行权时传入yield函数的参数，作为协程调用者执行resume函数的返回值。注意，这里的第一个返回值是true/false，表示协程是否执行成功。

■ 再次调用resume函数唤醒协程（非首次调用）时传入resume函数的参数，作为协程环境中调用yield函数的返回值。

11.3　实现

从以上分析可以看出，协程实现的两个关键点在于：

❑ 协程状态的保存；

❑ 不同协程之间的数据通信机制。

在Lua代码中，使用的是lua_State结构体来表示协程，这与Lua虚拟机用的是同一个数据结构。这一点可以从创建协程的函数lua_newthread中看出来，唯一有区别的是，Lua协程的类型是LUA_TTHREAD。换言之，在Lua源码的处理中，Lua协程与Lua虚拟机的表现形式并没有太大差异，也许这样做是为了实现方便。前面提到过，一个协程有自己私有的环境，不会因为协程的切换而发生改变。

接下来，我们来看看如何在不同协程之间通信，或者说Lua协程间数据的交换。前面提到过resume和yield函数的参数就是用来做协程数据交换的，现在来看看里面的实现。奥秘就在函数lua_xmove中：

```
(lapi.c)
110 LUA_API void lua_xmove (lua_State *from, lua_State *to, int n) {
111    int i;
112    if (from == to) return;
113    lua_lock(to);
114    api_checknelems(from, n);
115    api_check(from, G(from) == G(to));
116    api_check(from, to->ci->top - to->top >= n);
117    from->top -= n;
118    for (i = 0; i < n; i++) {
```

```
119    setobj2s(to, to->top++, from->top + i);
120    }
121  lua_unlock(to);
122 }
```

这段代码做的事情就是，从from协程中移动n个数据到to协程中。当然在移动之前，数据要在from协程的栈顶上准备好。

创建协程在函数luaB_cocreate中进行：

```
(lbaselib.c)
576 static int luaB_cocreate (lua_State *L) {
577   lua_State *NL = lua_newthread(L);
578   luaL_argcheck(L, lua_isfunction(L, 1) && !lua_iscfunction(L, 1), 1,
579     "Lua function expected");
580   lua_pushvalue(L, 1);  /* move function to top */
581   lua_xmove(L, NL, 1);  /* move function from L to NL */
582   return 1;
583 }
```

明白了前面的内容，理解创建协程的过程就不难了，这里主要做了以下几件事情。

❏ 调用lua_newthread创建lua_State结构体。

❏ 检查当前栈顶的元素是不是一个函数对象，因为需要一个函数作为协程开始运行时的主函数。这个主函数必须是Lua函数，C函数将会报错。

❏ 将协程主函数压入当前lua_State的栈中，然后调用lua_xmove将该函数从当前的lua_State移动到新创建的协程的lua_State栈中。

了解了Lua协程实现相关的数据结构，接下来看看最核心的两个操作resume和yield是如何实现的。

resume操作在函数luaB_coresume中实现：

```
(lbaselib.c)
543 static int luaB_coresume (lua_State *L) {
544   lua_State *co = lua_tothread(L, 1);
545   int r;
546   luaL_argcheck(L, co, 1, "coroutine expected");
547   r = auxresume(L, co, lua_gettop(L) - 1);
548   if (r < 0) {
549     lua_pushboolean(L, 0);
550     lua_insert(L, -2);
551     return 2;  /* return false + error message */
552   }
553   else {
554     lua_pushboolean(L, 1);
555     lua_insert(L, -(r + 1));
556     return r + 1;  /* return true + `resume' returns */
557   }
558 }
```

11

可以看到，这里主要做几件事情：

❑ 检查当前栈顶元素是不是协程指针。

❑ 调用辅助函数auxresume进行实际的resume操作。

❑ 根据auxresume的返回值来做不同的处理。当返回值小于0时，说明resume操作出错，并且此时出错信息在栈顶，因此压入false以及出错消息；否则，auxresume的返回值表示执行resume操作时返回的参数数量，这种情况下压入true以及这些返回参数。

auxresume函数的实现如下：

```
(lbaselib.c)
518 static int auxresume (lua_State *L, lua_State *co, int narg) {
519   int status = costatus(L, co);
520   if (!lua_checkstack(co, narg))
521     luaL_error(L, "too many arguments to resume");
522   if (status != CO_SUS) {
523     lua_pushfstring(L, "cannot resume %s coroutine", statnames[status]);
524     return -1;  /* error flag */
525   }
526   lua_xmove(L, co, narg);
527   lua_setlevel(L, co);
528   status = lua_resume(co, narg);
529   if (status == 0 || status == LUA_YIELD) {
530     int nres = lua_gettop(co);
531     if (!lua_checkstack(L, nres + 1))
532       luaL_error(L, "too many results to resume");
533     lua_xmove(co, L, nres);  /* move yielded values */
534     return nres;
535   }
536   else {
537     lua_xmove(co, L, 1);  /* move error message */
538     return -1; /* error flag */
539   }
540 }
```

它主要做如下操作。

❑ 检查数据的合法性。

❑ 将参数通过lua_xmove函数传递到待启动的协程中，调用lua_resume函数执行协程代码。

❑ 当lua_resume函数返回时，说明该协程已经执行完毕，通过lua_xmove函数将yield传入的参数传递回启动该协程的协程。

auxresume函数会调用lua_resume函数，在lua_resume函数中进行一些检查，比如当前的状态是否合理，调用层次是否过多，最终使用luaD_rawrunprotected函数来保护调用resume函数。resume函数的代码如下所示：

```
(ldo.c)
383 static void resume (lua_State *L, void *ud) {
```

```
384    StkId firstArg = cast(StkId, ud);
385    CallInfo *ci = L->ci;
386    if (L->status == 0) {  /* start coroutine? */
387      lua_assert(ci == L->base_ci && firstArg > L->base);
388      if (luaD_precall(L, firstArg - 1, LUA_MULTRET) != PCRLUA)
389        return;
390    }
391    else {  /* resuming from previous yield */
392      lua_assert(L->status == LUA_YIELD);
393      L->status = 0;
394      if (!f_isLua(ci)) {  /* `common' yield? */
395        /* finish interrupted execution of `OP_CALL' */
396        lua_assert(GET_OPCODE(*((ci-1)->savedpc - 1)) == OP_CALL ||
397                   GET_OPCODE(*((ci-1)->savedpc - 1)) == OP_TAILCALL);
398        if (luaD_poscall(L, firstArg))  /* complete it... */
399          L->top = L->ci->top;  /* and correct top if not multiple results */
400      }
401      else  /* yielded inside a hook: just continue its execution */
402        L->base = L->ci->base;
403    }
404    luaV_execute(L, cast_int(L->ci - L->base_ci));
405  }
```

这个函数做了以下的事情。

(1) 如果当前协程的状态是0，那么说明它是第一次执行resume操作，此时调用luaD_precall 做函数调用前的准备工作。如果luaD_precall函数的返回值不是PCRLUA，说明是在C函数 中进行resume操作的，此时并不需要后面的luaV_execute函数，就直接返回了。

(2) 否则就从之前的YIELD状态中继续执行，首先将协程的状态置为0，其次判断此时ci的类 型，如果不是Lua函数，说明之前是被中断的函数调用，此时调用luaD_poscall函数继续 完成未完的函数操作；否则只需要调整base指针指向之前的ci的base指针即可。

(3) 以上的几种情况最终都会调用luaV_execute函数来进入Lua虚拟机中执行。这里可以看 到，由于使用了同样的结构lua_State来表示Lua虚拟机和Lua协程，在表达Lua虚拟机的 执行和协程的执行上，两者都是统一使用luaV_execute函数，方便了实现。

yield操作在函数lua_yield中进行：

```
(ldo.c)
443  LUA_API int lua_yield (lua_State *L, int nresults) {
444    luai_userstateyield(L, nresults);
445    lua_lock(L);
446    if (L->nCcalls > L->baseCcalls)
447      luaG_runerror(L, "attempt to yield across metamethod/C-call boundary");
448    L->base = L->top - nresults;  /* protect stack slots below */
449    L->status = LUA_YIELD;
450    lua_unlock(L);
451    return -1;
452  }
```

11

这个函数做的事情相比起来就简单多了，就是将协程执行状态至为YIELD，这样可以终止luaV_execute函数的循环。

将前面的内容总结一下，如图11-1所示。

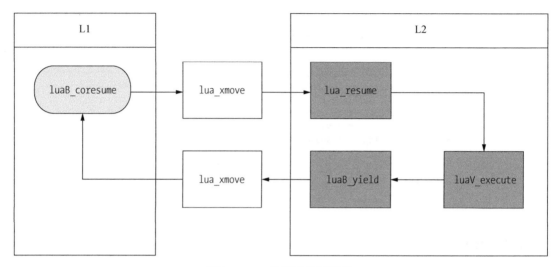

图11-1　Lua协程的执行流程

11.4　对称协程和非对称协程

Lua的协程实现是非对称协程。这种机制之所以称为非对称的，是因为协程之间的关系并不对等，它提供了两种让出协程控制权的操作，其一是通过调用协程（即resume操作），其二是通过挂起当前协程的执行将控制权让给协程调用者（即yield操作）。这样的关系，很像例程与其调用者之间的关系。

对称协程只有一种传递程序控制权的方式，就是直接将控制权传递给指定的协程。

对称协程也可以使用非对称协程来实现，下面就来看看如何使用非对称协程实现对称协程，并分析两者的优缺点。

首先是一个名为coro.lua的文件，用于提供相关操作：

```
(coro.lua)
-- coro.main用来标识程序的主函数
coro = {}
coro.main = function() end
-- coro.current变量用来标识拥有控制权的协程，
-- 也即正在运行的当前协程
coro.current = coro.main
```

```
-- 创建一个新的协程
function coro.create(f)
  return coroutine.wrap(function(val)
                          return nil,f(val)
                        end)
end

-- 把控制权及指定的数据val传给协程k
function coro.transfer(k,val)
  if coro.current ~= coro.main then
    return coroutine.yield(k,val)
  else
    -- 控制权分派循环
    while k do
      coro.current = k
      if k == coro.main then
        return val
      end
      k,val = k(val)
    end
    error("coroutine ended without transfering control...")
  end
end
```

接着来看看它的使用者是如何实现的：

```
require("coro")

function foo1(n)
  print("1: foo1 received value "..n)
  n = coro.transfer(foo2,n + 10)
  print("2: foo1 received value "..n)
  n = coro.transfer(coro.main,n + 10)
  print("3: foo1 received value "..n)
  coro.transfer(coro.main,n + 10)
end

function foo2(n)
  print("1: foo2 received value "..n)
  n = coro.transfer(coro.main,n + 10)
  print("2: foo2 received value "..n)
  coro.transfer(foo1,n + 10)
end

function main()
  foo1 = coro.create(foo1)
  foo2 = coro.create(foo2)
  local n = coro.transfer(foo1,0)
  print("1: main received value "..n)
  n = coro.transfer(foo2,n + 10)
  print("2: main received value "..n)
  n = coro.transfer(foo1,n + 10)
  print("3: main received value "..n)
end
```

11

这段代码中，重点要理解main函数以及coro.transfer操作。姑且可以认为，这里的main函数作为一个标记，表示程序当前在主协程中运行，而transfer函数做的工作可以认为是一个协程调度器的工作。

(1) 如果此时current函数不是main函数，那么认为在非主协程中运行，直接调用yield函数让出执行权。

(2) 否则，current函数为main函数，此时在主协程中运行，那么就将current函数置为该协程运行的主函数，同时启动一个循环不停地执行协程主函数，仅在协程主函数重新切换回main函数时终止循环的执行。

为什么需要main这个标记函数呢？因为对称协程之间虽然关系平等，可是也还是需要主函数主循环的，否则程序就马上退出了。

明白了以上几点，很容易就知道测试代码的输出为：

```
1: foo1 received value 0
1: foo2 received value 10
1: main received value 20
2: foo2 received value 30
2: foo1 received value 40
2: main received value 50
3: foo1 received value 60
3: main received value 70
```

而协程的执行顺序为：

```
main->foo1->foo2->main->foo2->foo1->main->foo1->main
```

从上面也可以看到，对称协程可以直接指定要转换执行权的目的协程，如前面的foo1函数代码中写的：

```
n = coro.transfer(foo2,n + 10)
```

这里将foo1协程的执行权转换给foo2协程了。这么看来，对称协程可以实现协程的"指哪打哪"功能，类似于C语言中的Goto调用。但是这么做的坏处在于，程序的模块性遭到了破坏，不敢想象Goto代码满天飞是个什么样的场景。

所以，在Lua中实现的协程为非对称协程，而对称协程可以使用非对称协程来模拟。区别在于对称协程太过自由，容易写出难维护的代码来。

附录 A
参考资料

本书的参考资料如下。

❑ Luiz Henrique de Figueiredo、Waldemar Celes、Roberto Ierusalimschy, *Lua Programming Gems*, Lua.org, 2008。

❑ *A No-Frills Introduction to Lua 5.1 VM Instructions*。

❑ 云风，Lua 中实现面向对象，详见http://blog.codingnow.com/cloud/TextSearch&phrase= LuaOO。

❑ 云风，Lua GC 的源码剖析系列文章，详见http://blog.codingnow.com/2011/03/lua_gc_1.html。

❑ Lua的function、closure和upvalue，详见http://blog.csdn.net/soloist/article/details/319214。

❑ Coroutines Tutorial，详见http://lua-users.org/wiki/CoroutinesTutorial。

❑ Lua的多任务机制——协程(coroutine)，详见http://blog.csdn.net/soloist/article/details/329381。

❑ Lua的协同程序，详见http://www.cnblogs.com/yjf512/archive/2012/05/28/2521412.html。

❑ 理解Lua中最强大的特性-coroutine，详见http://my.oschina.net/wangxuanyihaha/blog/186401。

❑ *The Evolution of Lua*。

❑ Roberto Ierusalimschy、Luiz Henrique de Figueiredo, *Lua 5.1 Reference Manual*, Lua.org, 2006。

❑ Mike Pall, *New Garbage Collector*，详见http://wiki.luajit.org/New-Garbage-Collector。